앗싸!
심봉사도
눈떴다.

전기·전자
개념정리

"심봉사도 눈떴다!"
원리부터 개념까지 "쏙쏙"

"나만 이렇게 전기 · 전자 과목이 어려울까?"
답은 '아니다!'다.
이 분야는 재학생부터 대개가 어려워하는 과목이고 유독히 약하다.
그런데 눈돌려 우리 생활에 이것이 없다고 상상해보자!
실은 답이 없다, 심지어 무섭기까지 하다!
아무튼 이 과목은 초중고, 대학까지 안 끼는데 없을 정돈데 진학이나 취업
시험 등 통과의례로 '떡'하니 버티고 있으니 피할 길은 없다.

─누구를 위해 종이 울리나?─

- 중고생들의 개념 정리
- 전기 · 전자에 아주 약한 사람들
- 수능 · 공무원 · 취업시험 응시자들의 넛지
- 문과생도 개념 잡기엔 천하제일
- 개념 숙지 후 전공 연계 응용자들

이 책은 애초 기획 목표는 세상 가장 알기 쉬운 「기초 전기 · 전자」 책 꾸
미기였다. 책을 펼치면 왼쪽엔 원리개념, 우측엔 세상 편하게 만화
로 풀어 놓았다.

그것도 모자랄까봐 각 개념의 작동원리를 플래시 2D 애니
메이션을 동영상 QR로 볼 수 있게 구현하였다.

눈에 뵈이지도 않는 전기 · 전자의 길을 심봉사도 이 책
보고 눈떴단다.
겁먹지 마라!

"앗싸가 인싸로…!^^"

이 책의 특장점

1장 : 전기, 전자, 전압 등의 개념, 전지의 원리,
　　　전기와 자기의 관계 등 다양한 기본 지식

2~3장 : 직류와 교류의 전기 회로

4장 : 우리와 가까이 있는 생활용품은 어떻게 작동하는가?

각 개념마다 알기 쉬운 만화들을 삽입하여 이해도를 높였다.

텍스트로는 아리송했던 개념들을 만화의 구체적인 에피소드와

그림들로 다시 한 번 복습하고 넘어가세요!

각 개념을 플래시 2D 애니메이션 영상으로 볼 수 있다.

스마트폰을 사용하여 QR코드의 링크를 따라가 시청하세요!

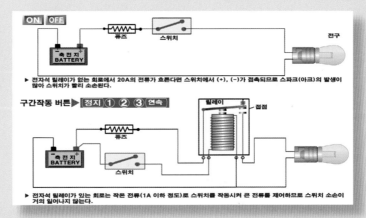

이 책을 사용하는 방법

이 책은 전기에 관한 지식을 시각적으로 구성함으로써 보고 즐기면서 배울 수 있도록 편성되어 있다. 전기에 대한 기본적인 지식부터 전문적인 내용까지 학습할 수 있다. 어떤 페이지이든 간략히 정리한 해설문과 거기에 맞추어 보기 쉽게 일러스트나 그림이 편성되어 있어 전기의 세계와 쉽게 친해질 수 있을 것이다.

나는 "전기 소녀" 라고 해. 전기가 좋아하는 꼬마전구 요정이지. 이 책 1장에서는 기초 전기에 대해 설명할 거야.

나는 "전기 소년" 이라고 불러줘. 건전지의 요정이지. 내가 좋아하는 물은 탄산수야. 이 책 2장부터는 전문적인 지식을 배울 수 있어.

테마
각 페이지에서 배우는 제목이다. 각 페이지의 제목에는 그 내용을 간략히 정리한 글이 반드시 게재되어 있다.

QR 코드
페이지에서 배우는 내용을 애니메이션으로 볼 수 있다.

주파수와 주기는 어떻게 다른가?

정현파가 1사이클을 하는데 걸리는 시간을 주기 1초 동안 반복된 사이클 수를 주파수라고 한다.

주파수와 주기의 관계

정현파 교류에서는 플러스 커브와 마이너스 커브가 반복적으로 나타나는데 이 플러스 커브와 마이너스 커브가 1왕복(1사이클)하는 데 걸리는 시간을 주기라고 한다. 주기의 기호는 T로 나타내며, 단위는 초[s]다. 또한 1초 동안 반복된 사이클 수를 '주파수'라고 한다. 주파수 기호는 f로 나타내며, 단위는 헤르츠[Hz]다.

1사이클에 0.2초가 걸리는 주기는 0.2s가 되며, 1초 동안 5사이클하는 주파수는 5Hz가 된다.
주파수 f와 주기 T는 $f=\frac{1}{T}$[Hz], $T=\frac{1}{f}$[s]의 관계가 된다.

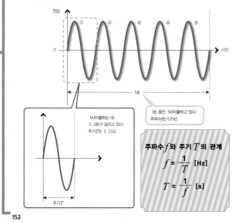

1사이클하는 데 0.2초가 걸리고 있다.
주기는 0.2[s]

1초 동안 5사이클하고 있다.
주파수는 5[Hz]

주파수 f와 주기 T의 관계
$$f=\frac{1}{T}\ [Hz]$$
$$T=\frac{1}{f}\ [s]$$

주기 T

152

제3장 양방향으로 흐르는 교류의 전기 회로

주파수

1헤르츠(Hz)는 1초 동안 플러스와 마이너스 쪽에 각각 1개의 커브를 갖는 교류 전기로 유럽에서 사용하는 50헤르츠와 남미와 북미에서 사용하는 60헤르츠 두 종류의 정현파 교류 전기가 있다.
국내 일반 가정용의 전기는 1초 동안 플러스와 마이너스 쪽에 각각 60개의 커브를 갖는 60헤르츠의 교류 전기를 사용하며 이웃한 중국은 50헤르츠, 대만은 60헤르츠의 교류 전기를 사용한다. 그러나 일본은 유일하게 50헤르츠와 60헤르츠 두 종류의 교류 전기를 사용한다.

이전에는 주파수 차이로 사용하지 못했던 전자제품이 있었어. 현재는 기술의 발전 덕분에 대부분의 제품이 어느 쪽 주파수든 사용할 수 있지.

각국의 주파수
일본 이외의 나라에서는, 2종류의 주파수를 사용하는 나라는 거의 없다. 우측 표는 50Hz의 주파수를 사용하고 있는 주요 나라와, 60Hz 주파수를 사용하는 주요나라들이다.

50[Hz]	60[Hz]
독일	대한민국
영국	미국
이탈리아	캐나다
스페인	멕시코
프랑스	대만
중국	브라질

153

해설
전기에 대한 초보적인 분야부터 고등학교 이상의 전문적 지식에 대한 내용을 간략히 알기 쉽게 해설하였다.

칼럼
해설에서 다루지 않았던 보충 내용이나 심층 내용을 칼럼 형식으로 소개하였다.

Contents

제1장 - 이것을 알면 전기가 보인다

제2장 - 한 방향으로만 흐르는 직류의 전기 회로

제3장 - 양방향으로 흐르는 교류의 전기 회로

제4장 – 생활용품은 어떻게 작동하는가?

01

코일에 전류가 흐르면 자석이 되거나
금속에 전류가 흐르면 뜨거워진다.
왜 이런 현상이 일어나는 것일까?
전기의 정체라고 할 수 있는 전자,
그 전자가 일으키는 작용, 전기와 전자의 관계 등,
전기와 관련된 기본적인 지식을 소개한다.

이것을 알면
전기가 보인다

꼬마전구에 불을 밝혀보자

전기가 흐르는 길을 회로라고 하며, 전기가 통하는 물체를 도체라고 한다.

꼬마전구를 발광시키는 전기의 통로

꼬마전구에 불을 밝히려면 먼저 꼬마전구를 도선이 붙은 소켓에 끼워야 한다. 소켓에서 나오는 도선은 비닐에 덮여 있으므로 건전지와 연결되는 부분의 비닐은 벗겨 놓는다. 2개의 도선을 각각 건전지의 플러스(+)와 마이너스(−) 2개의 전극과 연결하면 꼬마전구에 불이 들어온다.

도선은 전기가 잘 흐르는 금속 다발로 이루어져 있다. 전기는 도선을 통과한 다음 꼬마전구 안의 필라멘트를 지나가며, 다시 도선을 통해 건전지로 돌아간다. 이 전기가 지나가는 길을 **회로**라고 한다.

꼬마전구는 전기가 필라멘트를 통과할 때 빛을 발생한다. 한 군데라도 회로가 끊겨 있으면 꼬마전구는 빛이 나지 않는다.

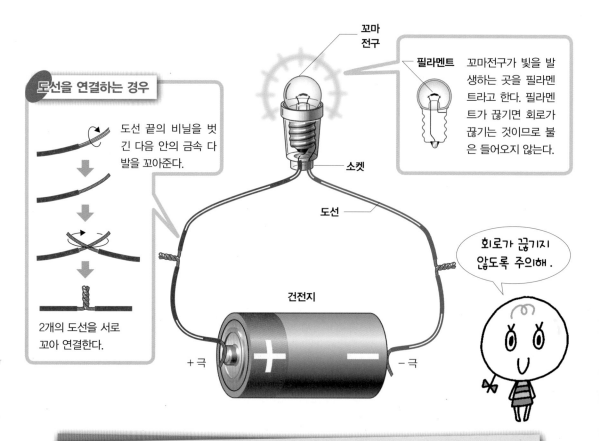

꼬마전구

필라멘트 꼬마전구가 빛을 발생하는 곳을 필라멘트라고 한다. 필라멘트가 끊기면 회로가 끊기는 것이므로 불은 들어오지 않는다.

도선을 연결하는 경우

도선 끝의 비닐을 벗긴 다음 안의 금속 다발을 꼬아준다.

2개의 도선을 서로 꼬아 연결한다.

소켓

도선

회로가 끊기지 않도록 주의해.

건전지

+ 극   − 극

소켓을 사용하지 않는 경우 불을 밝히는 방법

소켓을 사용하지 않아도 꼬마전구에 빛이 들어오게 할 수 있다. 꼬마전구의 끝부분과 소켓에 끼워지는 금속의 홈 부분을 도선으로 연결한다. 그러면 필라멘트와 도선, 건전지를 연결하는 회로가 완성되면서 꼬마전구가 빛나게 된다.

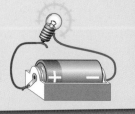

소형 전구의 구조

필라멘트는 텅스텐이라는 금속의 가는 선으로 전기를 통하면 맹렬하게 높은 온도가 된다. 이 열에 의해 나오는 빛을 잘 이용하는 것이 **소형 전구**이다.

구조는 꼭지쇠와 유리구 부분으로 구성되어 있으며, 이 유리구 안에 필라멘트가 금속 봉으로 지지되어 있다. 그리고 이 금속봉의 하나는 꼭지쇠(황동 또는 양철 등)에 연결되고, 다른 하나는 꼭지쇠의 끝부분에 납땜하여 전기가 통하는 길(회로)을 구성하고 있다. 그리고 유리구 안은 산소가 있으면 필라멘트가 타서 끊어지므로 진공(물질이 없는 비어있는 상태)으로 되어 있다.

소켓

건전지의 양극(兩極)에 연결된 도선을 손으로 잡고 소형 전구의 꼭지쇠와 그 끝의 납땜한 부분에 대어도 물론 전구가 점등되지만, 더 편하고 안정되게 점등시키기 위한 기구가 바로 **소켓**이다.

전기가 통하지 않는 베이클라이트 재료로 만든 통 안에 나사형 홈을 낸 황동제의 통을 설치하였다. 여기에 소형 전구를 끼워 고정시키면 꼭지쇠는 황동제 통에 연결되고, 소형 전구 끝의 납땜한 부분은 황동제 통 중앙의 금속 부분에 접촉된다. 그래서 건전지에서 나온 전기는 소형 전구에 흘러 안정된 점등 상태를 유지한다.

소형 전구가 켜진다

소형 전구를 소켓에 오른쪽으로 돌려 끼우고 소켓의 2개 전선을 건전지의 (+)극과 (−)극에 연결하면, 건전지에서 전기가 공급되어 전구가 점등된다. 물론 건전지의 극을 반대로 해도 점등하고 전선의 길이 또한 어느 정도까지는 짧거나 길어도 역시 점등한다.

그 이유는 뒤에서 설명하는 저항과 관계가 있다. 즉, 전선이 상당히 길어도 그 총 저항은 전구의 필라멘트 저항에 비하여 매우 작기 때문에 필라멘트에 흐르는 전기의 양은 거의 감소하지 않고 점등의 밝기도 변하지 않는 것이다.

⚡ 전기가 통하는 물체

회로 중간에 **물체**를 연결했을 때 꼬마전구에 불이 들어오면 그 물체는 전기를 통하는 것이 된다. 철제 스푼이나 알루미늄 호일, 구리로 만들어진 주화를 연결하면 꼬마전구에 불이 들어온다. 하지만 똑같은 스푼이라도 플라스틱 재질로 만들어진 스푼에서는 불이 들어오지 않는다. 유리컵이나 나무 그릇, 도자기 그릇도 불이 들어오지 않는다.

철이나 구리, 알루미늄 등의 금속은 전기를 통과시키고 유리나 나무, 도자기 등은 전기를 통과시키지 않는다. 전기가 흐를 수 있는 물체를 **도체(導體)**, 흐르지 못하는 물체를 「부도체(또는 절연체)」라고 한다.

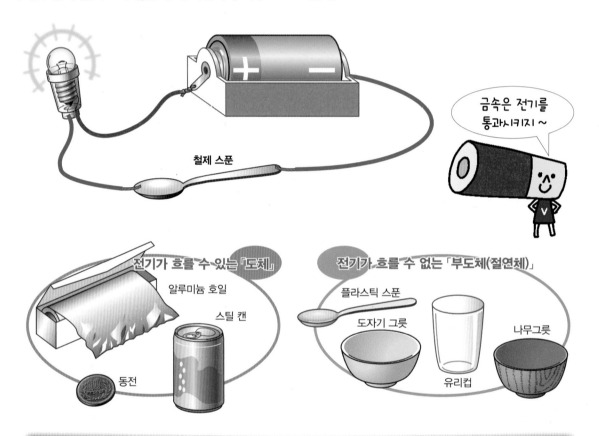

금속은 전기를
통과시키지~

철제 스푼

전기가 흐를 수 있는 「도체」
알루미늄 호일
스틸 캔
동전

전기가 흐를 수 없는 「부도체(절연체)」
플라스틱 스푼
도자기 그릇
유리컵
나무그릇

꼬마전구·소켓·도선·건전지 박스에 있는 도체와 부도체

꼬마전구는 필라멘트와 연결되는 끝 부분과 홈으로 이루어진 부분이 금속(도체)으로 만들어져 있다.
소켓은 꼬마전구의 금속 부분과 닿는 곳이 금속으로 만들어져 있고 그 주변은 플라스틱 등의 부도체로 보호되고 있다.
도선은 사람 몸에 닿으면서 감전되거나, 다른 도선과 닿아 단락이 되지 않도록 부도체인 비닐로 덮여 있다.
전지박스는 건전지의 전극이 닿는 부분이 도체로 되어 있고 건전지를 고정하는 부분은 플라스틱 등의 부도체로 만들어져 있다.

이와 같이 여러 부분에서 도체와 부도체를 구분해 사용하고 있다.

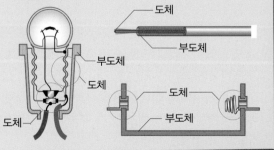

도체
부도체
부도체
도체
도체
도체
부도체
도체

전기가 통하는 것과 통하지 않는 것

전기가 통하는 것과 통하지 않는 것이 있지.

이러한 물건은 전기가 통하지 않는단다.

에보나이트 유리 비단 모피

그럼, 어떤 것이 전기를 통하죠?

나도 전기를 통하게 하지!

인체도 통하고... 금속으로 만든 물건, 물 등...

전기를 잘 사용하기 위해서는 "전기가 통하는 것"과 "통하지 않는 것"을 잘 결합하여야 한다. 만일 소형 전구나 소켓을 전기가 통하는 것만으로 만들면, 대부분의 전기는 필라멘트를 통하지 않고 건전지의 (−)극으로 빨려 들어가 전구는 점등되지 않는다.

그러면 전기가 통하는 것은 금속으로 만든 물건 그리고 사람의 인체, 지구 등을 들 수 있다. 이것을 **도체**라고 한다. 한편, **전기가 통하지 않는 것(절연체 또는 부도체)**은 대전체로써 앞에 설명한 **유리, 에보나이트, 비단, 모피** 등이 있다.

모터를 사용해 자동차를 달리게 해 보자

전기의 흐름을 전류라고 한다. 전류는 플러스극(+)에서 마이너스극(−)으로 흐른다.

⚡ 전류에 의해 돌아가는 모터

모터를 사용해 장난감 자동차를 달리게 할 수 있다. 모터는 전기 에너지를 회전운동으로 바꾸는 장치다. 전기는 건전지의 플러스극에서 모터를 지나 마이너스극으로 흐른다. 전기가 모터로 흐르면 모터 안에서 전기 에너지가 회전운동으로 바뀜으로써 모터의 축이 돌아간다. 이 전기의 흐름을 **전류(電流)**라고 한다.

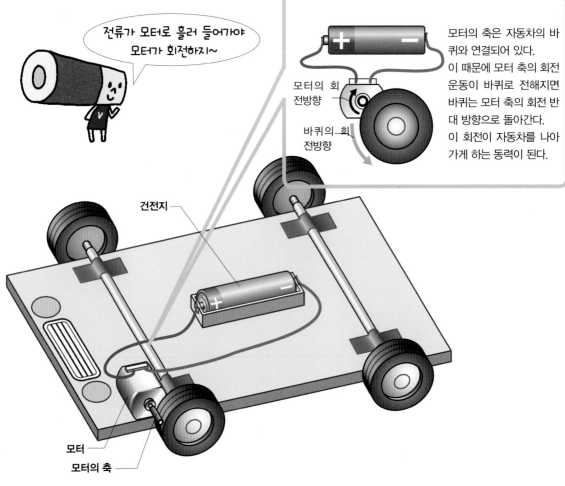

전류가 모터로 흘러 들어가야 모터가 회전하지~

모터의 회전방향

바퀴의 회전방향

모터의 축은 자동차의 바퀴와 연결되어 있다. 이 때문에 모터 축의 회전운동이 바퀴로 전해지면 바퀴는 모터 축의 회전 반대 방향으로 돌아간다. 이 회전이 자동차를 나아가게 하는 동력이 된다.

건전지

모터
모터의 축

자동차가 달리는 방향을 바꾸는 방법

건전지의 플러스극과 마이너스극을 바꿔서 넣는다. 그러면 모터로 흐르는 전류 방향이 바뀌기 때문에 모터의 회전방향도 바뀐다. 따라서 자동차는 지금까지와 달리 반대 방향으로 움직이게 된다.

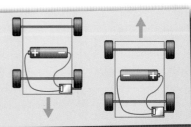

모터의 회전을 빠르게 한다

모터의 회전을 빠르게 하려면 모터로 흐르는 전류가 많으면 된다. 전류량이 많으면 모터의 회전수가 높아져 자동차는 빨리 달리게 된다.

전류량을 늘리기 위해 건전지 2개를 사용해 보았다. 건전지 2개의 플러스극과 마이너스극을 연결한 다음 모터와 연결하면 자동차는 빨리 달린다. 하지만 플러스극끼리 마이너스극끼리 연결한 건전지를 모터와 연결하면 빨리 달리지 못한다.

건전지의 플러스극과 마이너스극을 연결하는 방법을 건전지의 **직렬 연결**이라고 하며, 플러스극끼리 또 마이너스극끼리 연결하는 방법을 건전지의 **병렬 연결**이라고 한다.

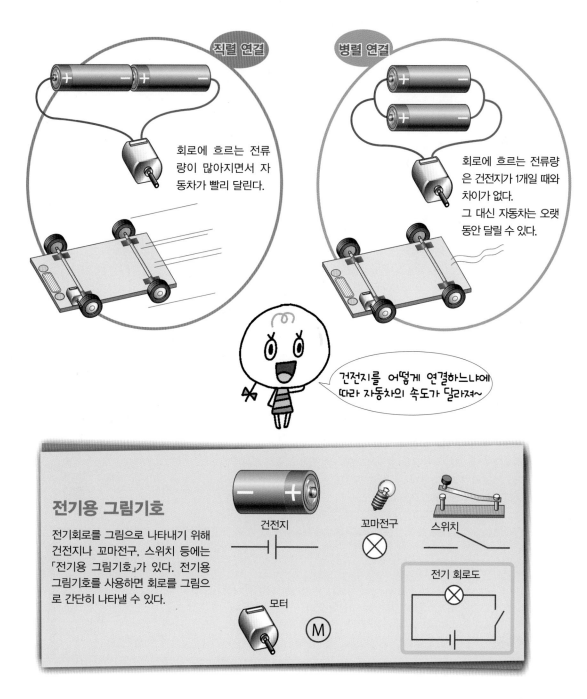

직렬 연결

회로에 흐르는 전류량이 많아지면서 자동차가 빨리 달린다.

병렬 연결

회로에 흐르는 전류량은 건전지가 1개일 때와 차이가 없다.
그 대신 자동차는 오랫동안 달릴 수 있다.

건전지를 어떻게 연결하느냐에 따라 자동차의 속도가 달라져~

전기용 그림기호

전기회로를 그림으로 나타내기 위해 건전지나 꼬마전구, 스위치 등에는 「전기용 그림기호」가 있다. 전기용 그림기호를 사용하면 회로를 그림으로 간단히 나타낼 수 있다.

건전지

꼬마전구

스위치

모터

전기 회로도

전기는 자기를 발생시키는 특징도 있다.

전기를 이용한 전자석

도선을 둘둘 감은 것을 **코일(Coil)**이라고 한다. 이 코일에 전류를 흐르게 하면 전류가 흐르는 동안 코일은 자석과 똑같은 작용을 한다. 이때 코일에 철

제 클립을 가까이 대면 클립이 코일에 달라붙는다.

이처럼 전류가 흐름으로써 자석 작용을 갖는 것을 **전자석(電磁石)**이라고 한다.

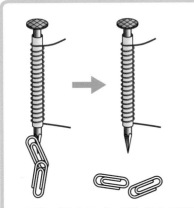

코일은 전류가 흐르는 동안 철제 클립을 잡아당긴다. 하지만 전류가 흐르지 않으면 당기지 못하게 된다.

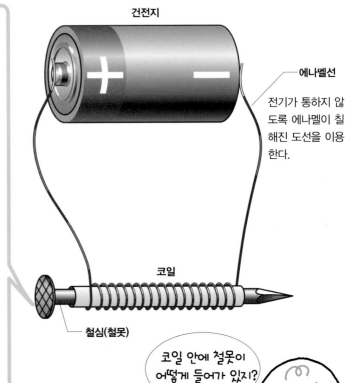

건전지

에나멜선

전기가 통하지 않도록 에나멜이 칠해진 도선을 이용한다.

코일

철심(철못)

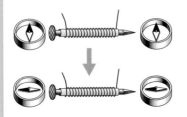

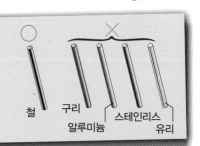

코일 안에 철못이 어떻게 들어가 있지?

코일의 자석도 일반 자석과 마찬가지로 S극과 N극이 있다. 코일의 양쪽에 나침반을 놓은 다음 코일에 전류를 흐르게 하면 나침반은 코일의 S극에 대해 N극을, 코일의 N극에 대해 S극을 가리킨다. 또한 코일에 흐르는 전류 방향을 반대로 하면 극도 반대가 된다.

코일에 철심을 넣는 이유

코일에 철심을 넣으면 전자석의 자력(磁力)이 강해진다. 전자석 심으로 적당한 소재는 철이다. 철은 자기를 쉽게 전달하는 성질이 있다. 자력을 잘 통과시키는 철을 전자석의 자계(磁界 p.38)에 관통시키면 전자석의 자력이 묶여짐으로써 자력이 강해진다.

철   구리   스테인리스   유리
알루미늄

간단한 전자석을 만드는 방법

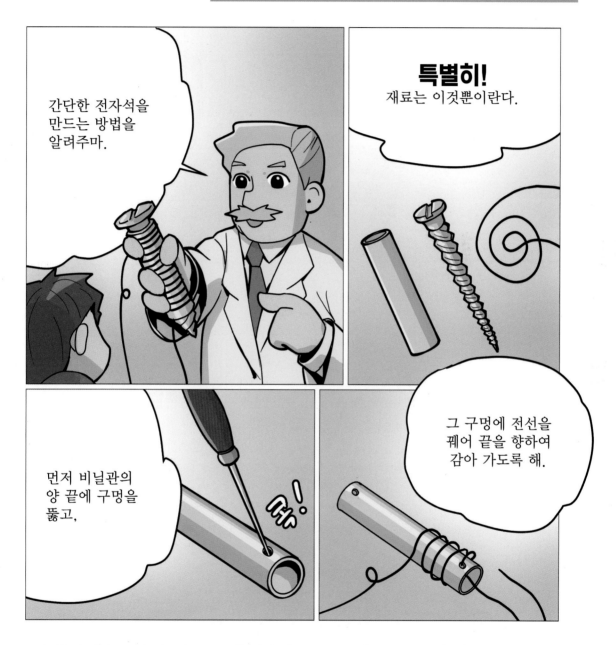

나사못과 나사못보다 지름이 조금 굵은 비닐 관, 그리고 전선(또는 니크롬선)을 준비한다. 먼저 비닐관에 전선을 100회 정도 감고 양 끝에서 전선을 끌어낸다.

한편, 나사못을 핀셋으로 잡고 빨갛게 될 때까지 알코올 램프로 가열한 다음 자연 상태에서 서서히 냉각하여(나사못에 남아 있는 자기(磁器)를 완전히 제거) 비닐관에 넣는다. 이 비닐관의 양 끝에서 끌어낸 전선에 건전지를 연결하면 자력이 발생한다.

전선(또는 니크롬선)을 100회 정도 감은 다음 구멍에서 전선을 끌어내자.

나사못을 핀셋으로 잡고 알코올 램프로 **빨갛게** 될 때까지 가열하여…

자연 상태에서 서서히 냉각하지.

나사못이 냉각되면 전선을 감은 비닐관에 넣으면 완성이다!!

전선을 건전지에 연결하여 스위치를 넣으면 된단다.

간단하네요.

⚡ 전자석의 자력을 강하게 한다

전자석의 자력은 전류가 흐르는 방법에 따라 변화한다. 건전지 2개를 직렬로 연결하면 전자석에 흐르는 전류가 많게 되어 전자석의 자력이 강해진다.

또한 코일의 **권수(捲數)**에 따라서도 변화한다. 자력은 코일의 권수가 많을수록 강해지고, 적을수록 약해진다.

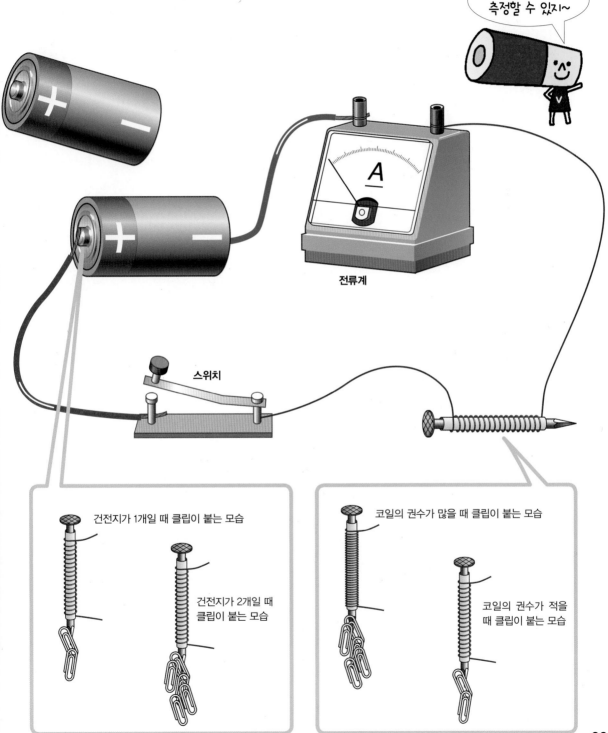

전류량은 전류계로 측정할 수 있지~

전류계

스위치

건전지가 1개일 때 클립이 붙는 모습

건전지가 2개일 때 클립이 붙는 모습

코일의 권수가 많을 때 클립이 붙는 모습

코일의 권수가 적을 때 클립이 붙는 모습

전자석

알기 쉬운 QR

전자석은 전류가 흘러 자력이 발생하는 것으로 자력의 성질은 자석과 같아.

그뿐 아니라 자석에는 없는 특징을 갖고 있네.

윽! 자력을 갖게 하거나 없앨 수도 있고..

헐~ 자력의 세기를 자유롭게 조절할 수도 있네!

그리고! 자력의 극성도 간단히 바꿀 수 있지!

전자석은 전류가 흘러서 자력이 발생하는 구조이며, 자력이 발생한 후의 성질은 영구자석과 같다. 다만, 전자석은 자력의 발생원인 전류를 여러 가지로 변화시켜 다양한 일을 할 수 있는 특징을 갖고 있다.

① 전기를 공급 또는 차단하여 자력의 생성이나 소멸을 자유롭게 할 수 있다.
② 자력의 세기를 자유롭게 변화시킬 수 있다.
③ 전류의 방향을 바꿈으로써 자극의 극성도 자유롭게 바꿀 수 있다.

전자석의 자력 변화

전자석의 자력을 강하게 하려면 단순히 전압을 높여 전류를 크게 하는 방법이 있다. 또 코일을 감는 횟수를 늘려서 5배로 감으면 전류는 5배의 묶음이 되어 자력을 높일 수 있다.

그리고 코일 내부에 연철(경철은 전기를 끊어도 자력이 남아있어 전자석에는 사용할 수 없다)의 철심을 넣으면 코일에서 발생한 자력에 따라 자화된 연철의 자력이 더해져 자력을 더욱 강하게 할 수 있다.

전자석의 용도

전자석은 어디에 사용하나요?

전자석은 여러 가지로 쓰인단다.

벨이나 버저, 스피커에

기록 타이머와 전자 릴레이 등에도 사용하고...

전자 크레인 등에도 사용한단다.

전자석은 철 등을 끌어당기거나 떼어내어 전류를 흐르게 하거나 흐르지 않게 함으로써 연속적으로 또는 단속적으로 자유자재로 실행 할 수 있다.

이 유효한 기능이 벨이나 버저, 전자(電磁) 릴레이, 라디오 카세트 등에 사용하는 스피커, 기록 타이머 등에 사용하고 있다. 물론 강력한 자력을 가짐으로써 폐차(廢車)를 매달아 올리는 전자 크레인과 같은 대형 물체에도 전자석이 사용된다.

벨의 구조

"찌르릉"하고 계속 울리는 벨의 구조는 코일에 전류를 단속적(斷續的)으로 흐르도록 하여 전자석을 단속적으로 만들어 벨이 울린다. 즉, 스위치를 켜면 전기가 흘러 코일에는 자계가 발생하여 판스프링이 코일에 끌려가 종을 두드린다.

이와 동시에 판스프링은 접점에서 떨어져 전기가 흐르지 않게 됨으로써 코일의 자계는 없어지고 판스프링은 접점 쪽으로 다시 돌아간다. 그리고 다시 전류가 흘러 판스프링이 코일에 끌려가 "찌르릉"하는 소리를 낸다.

번개를 일으키는 것은 정전기이다

번개는 적란운(積亂雲) 안에서 교란된 얼음 입자가 일으키는 정전기이다.

정전기를 발생시키는 방전 현상

번개의 정체는 뇌운에 모여 있던 정전기의 방전 현상이다. 적란운은 수많은 얼음 입자로 이루어져 있다. 구름 안의 격렬한 기류에 의해 얼음 입자가 서로 마찰하면서 정전기가 발생하는 것이다. 대기는 전기가 통하지 않는 절연체이지만 대량의 정전기가 모이면 절연을 부수면서 전류가 대기로 흐른다. 이것을 **방전(放電)**이라고 한다. 이 방전 현상이 번개다. 번개가 지그재그로 지면에 도달하는 것은 절연체인 대기 속을 쉽게 통과할 수 있는 곳을 찾으면서 진행되기 때문이다.

천둥이란?

천둥은 공기 중의 전기 방전에 의하여 발생하는 무서운 소리로 천둥과 번개는 항상 같이 발생한다. 즉 겨울에 스웨터를 벗을 때 지직지직 하는 소리를 내는 「정전기」 때문이라고 생각하면 된다.

여름의 상공이나 지상 근처에서 높이 깔려 있는 적란운(수직으로 발달된 구름덩이가 산이나 탑 모양을 이룸) 속에서 온도가 다른 작은 눈 조각 등이 서로 비벼서 전기를 만든다. 그리고 이 전기가 더 이상 저장할 수 없을 만큼 많아지면 마침내 전기가 지상으로 방출되어 **낙뢰(落雷)**가 된다.

벼락을 피하려면

벼락의 전압은 수천만 V(전압과 기전력의 단위)라고 한다. 이러한 큰 전압이 사람에게 부딪히면 큰 사고가 발생한다. 그러면 어떻게 벼락을 피할 수 있는가. 먼저 「**벼락은 전기가 통하기 쉬운 물체로 혹은 가장 가까운 것으로 떨어진다.**」는 원칙을 알아야 한다. 천둥 번개가 칠 때 주변에서 가장 높은 곳에 있고, 또 몸에 전기가 통하는 물건을 많이 지니고 있으면 가장 위험하다. 옥외에서는 시계 등의 금속 제품을 풀고 우산은 우의로 바꾸고, 가능한 한 몸을 낮춰 행동해야 한다. 등산할 때는 「**천둥 번개가 자주 발생하는 여름 오후에는 산등성이에 서 있지 말라**」고 예전부터 전해지고 있다.

정전기의 발생

절연체를 마찰시키면 정전기가 발생한다. 정전기에는 플러스 전기를 가진 것과 마이너스 전기를 가진 것이 있다. 예를 들면 유리와 면직물을 서로 문지르면 유리는 플러스 전기를 갖고, 면직물은 마이너스 전기를 갖는다. 물질이 전기의 성질을 갖는 것을 **대전(帶電)**이라고 한다.

한편 도체를 마찰시키면 전기가 바로 사라진다.

➕	플러스로 잘 대전되는 물체									마이너스로 잘 대전되는 물체				➖
피혁	유리	운모	나일론	모직물	비단	종이	면직물	호박	합성고무	폴리에스테르	아크릴섬유	염화비닐	실리콘	에보나이트

서로 당기는 정전기

머리에 책받침을 대고 문지르면 서로 정전기를 갖는다. 머리카락에는 플러스 전기, 책받침에는 마이너스 전기가 발생한다. 이 플러스와 마이너스 전기가 서로 당기므로 머리카락이 책받침에 달라붙는 것이다. 이처럼 전기는 서로 당기거나 밀어낸다. 전기가 일으키는 이 힘을 **쿨롱 힘**이라고 한다.

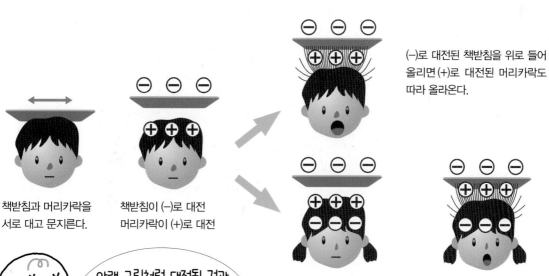

(−)로 대전된 책받침을 위로 들어 올리면 (+)로 대전된 머리카락도 따라 올라온다.

책받침과 머리카락을 서로 대고 문지른다.

책받침이 (−)로 대전 머리카락이 (+)로 대전

(−)로 대전된 책받침을 다른 사람에게 갖다대면 그 사람의 머리카락 속의 (+)전기가 책받침 쪽으로 이동하고(−) 전기는 책받침 반대 쪽으로 이동한다.

머리카락 안의 (+) 전기는 (−)로 대전된 책받침에 끌려가므로 머리카락도 위로 당겨진다.

아래 그림처럼 대전된 것과 가까운 쪽에 대전된 것과 반대되는 전기가 나타나는 것을 「정전유도(靜電誘導)」라고 해요.

31

정전기(마찰전기)

겨울의 건조하고 맑은 날 자동차의 문을 열려고 손잡이를 잡을 때, 스웨터를 벗을 때 손가락이 찌릿하는 원인은 도대체 무엇인가. 사실은 스웨터나 블라우스 등이 스쳐서 전기가 만들어져 그 전기가 발생했기 때문에 일어난 현상이다.

이 물체와 물체가 스쳐서 발생하는 전기를 **정전기** 또는 **마찰 전기**라 한다.

대전(帶電)

플라스틱제 받침대를 머리 위에서 문지르면 정전기가 생기는 것은 알겠지?

머리카락과 플라스틱에 우리(정전기)가 생겨도 갈곳이 없어 바로 나가지 않아.

우리는 일단 옷이나 신체에 머문 다음에...

금속의 문 손잡이 등에 달라붙는 거야.

그렇지. 지금 나처럼 달라붙기 전에 전기를 저장하고 있는 상태를 대전했다고 한단다.

정전기가 생기면 우선 스웨터나 블라우스, 그리고 신체 등에 일단 저장된다. 그리고 전기가 달라붙기 쉬운 금속(나무나 종이, 플라스틱에는 달라붙기 어렵다)에 가까워지면 금속을 향해 전기가 튀어나간다.

전기가 튀어나가기 전에 옷이나 신체에 전기가 저장되어 있는 상태를 **대전 상태**라고 하며, 예를 들어 음(陰)의 전기를 저장하고 있으면 「**음으로 대전하고 있다**」고 한다.

양전기와 음전기

대전(帶電)된 물체와 물체를 가까이하면 "밀어내는" 경우와 "달라붙는" 경우가 있다. 이것은 유리 막대를 비단에 문지를 때 유리 막대에 나타나는 **양(+) 전기**와 에보나이트(천연 고무에 황을 첨가한 물질) 막대를 모피(毛皮)에 문지를 때 에보나이트 막대에 나타나는 **음(-) 전기**의 2종류가 있기 때문이다. 여기에서 같은 종류를 대전한 물체끼리 가까이 하면 밀어내고, 다른 종류를 대전한 물체끼리 가까이 하면 달라붙는다.

그리고 양(+)과 양(+)은 서로 밀어내는 성질이 있지.

음(−)과 음(−)도

마찬가지~

에보나이트 막대를 모피로 문지르면...

나는 양으로 대전한다.

나는 음이다!

유리 막대를 비단으로 문지르면 **유리 막대는 양으로, 비단은 음으로** 대전해!

앗!!
달라 붙으려고 하네!!

유리 막대가 양이고 에보나이트 막대가 음이기 때문이야!!

정전 유도

「음」으로 대전한 에보나이트 막대를 사용하여 정전 유도의 실험을 해보자.

금속에 음으로 대전한 에보나이트 막대를 가까이하면, 금속은 막대와 가까운 쪽에는 양전기가 발생하고, 먼 쪽에는 음전기를 발생해요.

이봐, 금속의 위치를 바꾸어도 가까운 쪽이 양으로 되고, 먼 쪽이 음으로 된다구!

철이나 구리 등의 금속에 음으로 대전된 에보나이트 막대를 가까이하면, 금속은 막대와 가까운 쪽에는 양(+) 전기가 발생하고, 먼 쪽에는 음(−) 전기가 발생한다. 이러한 현상을 정전기(靜電氣)를 유도한다는 뜻에서 **정전 유도**라 한다.

물론 양으로 대전된 유리 막대를 가까이 하면 금속은 그 반대의 전기를 발생한다. 금속에서 에보나이트 막대를 멀리 하면, 지금까지 금속에 발생한 전기는 모두 사라져 원래의 상태로 되돌아간다. 그러나 에보나이트 막대를 금속에 접촉시키면 금속은 음으로 대전되어 막대를 떼어도 음으로 대전한 상태로 있게 된다.

대전열(帶電列)

대전열이란 물체와 물체를 문질러 정전기를 발생시킬 때 그 재질에 따라 양(+) 전기, 또는 음(−) 전기로 대전하기 쉬운가를 순번으로 나타내는 것을 말한다. 위 대전열에서 예를 들면, 모피와 에보나이트처럼 순번의 차이가 큰 조합일수록 문질렀을 때의 대전력(帶電力)은 커진다.

다만, 양(+) 전기로 대전하기 쉬운 물체라도 대전열이 많이 앞선 순번의 물체와 서로 문지르면 음(−) 전기로 대전된다. 예를 들면 유리 막대를 비단으로 문지르면 양(+) 전기로 대전되지만, 모피로 문지르면 음(−) 전기로 대전된다.

정전기

전기에는 지금까지는 양(+) 전기와 음(−) 전기의 2종류가 있다고 했는데, 사실은 전기에는 음(−) 전기밖에 없다. 그렇다면 양(+) 전기란 무엇인가?

에보나이트 막대를 모피로 문질렀을 경우로 설명하면 이렇게 된다. 문질러 나타난 음(−) 전기는 모피가 에보나이트 막대에 주었기 때문에 모피에는 음의 전기가 없어진 빈자리 즉, 구멍이 된다. 그리고 이 구멍은 음(−) 전기를 끌어들여 같은 구멍을 메우는 힘을 갖는다. 이 구멍이 바로 양(+) 전기인 것이다.

전기의 정체(正體)는 무엇일까?

전기의 정체는 원자 안에 있는 양자와 전자의 전하다.

소립자인 전하

지구상의 모든 물체는 원자(原子)라는 작은 입자들이 모여 만들어진 것이다. 원자의 중심에는 중성자와 양자가 모인 원자핵이 있다. 이 원자핵 주위에는 양자 수와 똑같은 수의 전자라고 하는 소립자가 돌고 있다.

소립자란 물질을 구성하는 작은 입자의 모임 중 가장 작은 단위이다. 양자, 중성자도 소립자다. 소립자가 가진 전기적 성질을 **전하(電荷)**라고 한다.

양자는 플러스 전하를 가지며, 중성자는 전기적 성질이 없다. 전자는 마이너스 전하를 갖고 있다.

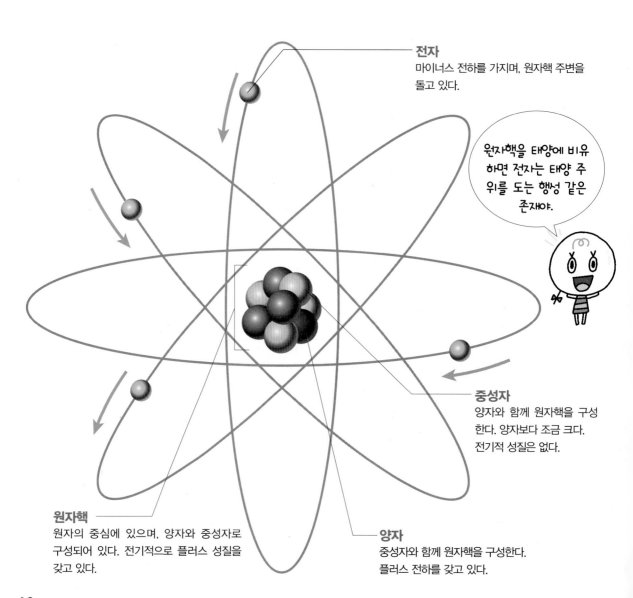

전자
마이너스 전하를 가지며, 원자핵 주변을 돌고 있다.

원자핵을 태양에 비유하면 전자는 태양 주위를 도는 행성 같은 존재야.

중성자
양자와 함께 원자핵을 구성한다. 양자보다 조금 크다. 전기적 성질은 없다.

원자핵
원자의 중심에 있으며, 양자와 중성자로 구성되어 있다. 전기적으로 플러스 성질을 갖고 있다.

양자
중성자와 함께 원자핵을 구성한다. 플러스 전하를 갖고 있다.

궤도에서 벗어난 자유전자

전자는 보통 원자핵 주위를 돌고 있지만 다른 물체와 마찰하거나 부딪치면 궤도에서 벗어나는 경우가 있다. 궤도에서 벗어난 이 전자를 **자유전자(自由電子)**라고 한다. 전자는 마이너스 전하를 갖고 있으

므로 전자가 튀어나가면서 수가 줄어든 원자는 플러스로 대전되고 전자가 옮겨와서 수가 늘어난 원자는 마이너스로 대전된다.

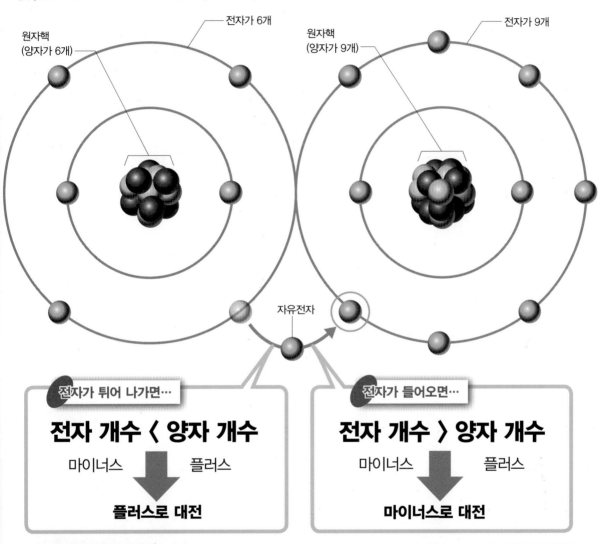

자유전자를 가진 금속

금속의 원자는 규칙적으로 배열되어 있지만 전자 중 일부는 원자로부터 벗어나 자유롭게 돌아다닌다. 여기에 전압(p.22)을 가하면 자유롭게 돌아다니던 전자가 일제히 마이너스극에서 플러스극을 향해 움직인다.
전자는 마이너스 전기가 있어 플러스 쪽으로 끌려가는 것이다. 도체인 금속에는 이런 원자핵과 약하게 결합되어 있는 자유전자가 많이 있다.

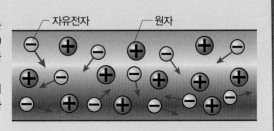

크룩스관의 실험 (1)

크룩스관을 사용하여 음극선이 어떤 성질을 갖고 있는지 실험해보자!

먼저 그림과 같이 ⊕극에 십자형 알루미늄판을 부착하면 유리면에 그림자가 생겨!

그런데 ⊖극에 부착하면 그림자가 생기지 않는구나.

　실험은 음극선이 어떤 성질이 있는지를 보기 위한 것이다. 우선 방전관 안에 십자형 알루미늄 판을 (+)극에 부착했을 경우 유리면에 그림자가 생기나, (-)극에 부착했을 때는 그림자가 생기지 않는다.
　또 (-)극과 (+)극 사이에 운모판으로 만든 임펠러를 놓으면 시계 방향으로 회전한다. 이 2가지 실험에서 음극선은 (-)극에서 빛과 같이 직선으로 (+)극을 향해 튀어나가며, 가벼운 것에 닿으면 그것을 움직일 정도의 질량을 갖고 있다는 것을 알 수 있다.

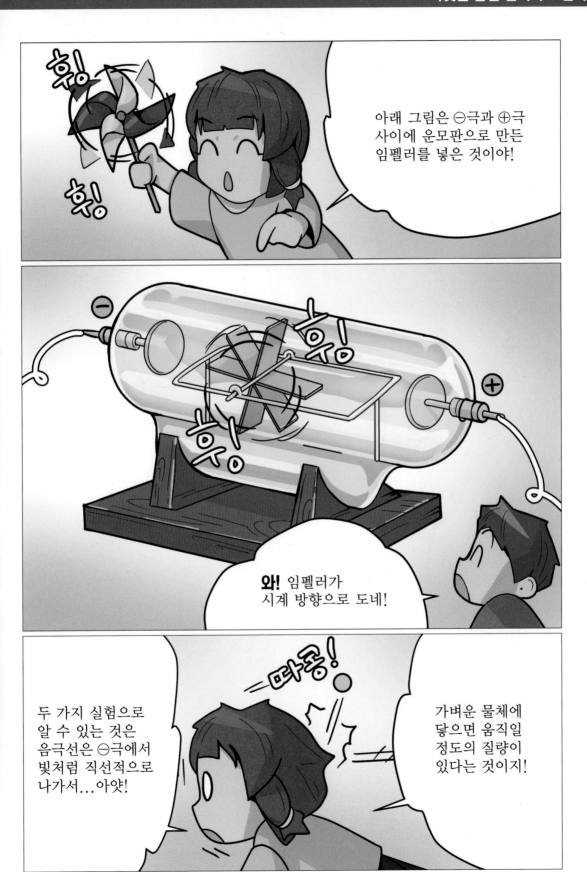

아래 그림은 ⊖극과 ⊕극 사이에 운모판으로 만든 임펠러를 넣은 것이야!

와! 임펠러가 시계 방향으로 도네!

두 가지 실험으로 알 수 있는 것은 음극선은 ⊖극에서 빛처럼 직선적으로 나가서...아얏!

가벼운 물체에 닿으면 움직일 정도의 질량이 있다는 것이지!

크룩스관의 실험 (2)

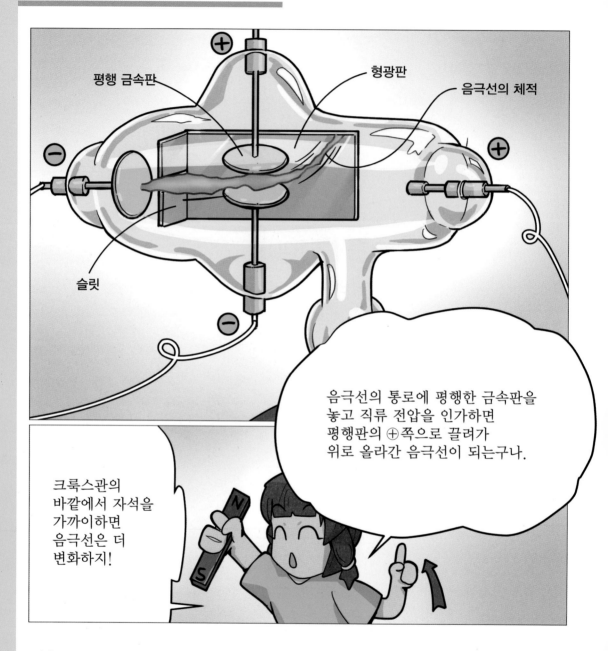

평행 금속판

형광판

음극선의 체적

슬릿

음극선의 통로에 평행한 금속판을 놓고 직류 전압을 인가하면 평행판의 ⊕쪽으로 끌려가 위로 올라간 음극선이 되는구나.

크룩스관의 바깥에서 자석을 가까이하면 음극선은 더 변화하지!

　(−)극의 바로 앞에 슬릿을 넣고 선(線) 모양으로 하여 음극선을 통하면, 뒤쪽의 형광판에는 수평으로 움직인 음극선의 자국이 나타난다.

　그런데 그림과 같이 음극선이 지나간 길과 평행한 금속판을 놓고 직류 전압을 인가하면, 평행판 전극의 (+)극 쪽으로 끌려 음극선은 위로 올라가며, 또 그 음극선에 크룩스관 밖에서 자석을 가까이 하면 지나간 자국은 다시 변화한다. 이 점에서 음극선은 전기나 자기의 영향을 받아 방향을 바꾼다는 것을 알 수 있다.

전기와 관련된 학자 ①

프랭클린 (1706~1790)

미국의 정치가·문필가·외교관·철학자·과학자. 프랭클린은 미국으로 이민온 양초가게의 자식으로 태어나 자연과학에 흥미를 가졌다. 1746년 스코틀랜드에서 온 스벤수의 실험을 보고 전기에 빠진다. 프랭클린은 라이덴병(콘덴서처럼 전기를 모을 수 있는 병) 안에서 일어나는 정전기의 불꽃과 번개를 똑같은 전기현상이라고 생각했다. 1752년 금속막대를 붙인 연을 소나기구름 속으로 띄우고 연실에 라이덴병을 동여매 번개에서 라이덴병 속으로 전기를 끌어내는데 성공했다. 그리고 번개와 라이덴병의 정전기 현상이 같다는 것을 실험으로 입증했다. 라이덴병에 모인 정전기는 원거리에 있던 끝이 날카로운 금속에 방전하는 것에서 피뢰침을 만들었다. 당시 피뢰침은 프랭클린의 막대,라고 불리며 교회 지붕에 설치되었다.

히라가 겐나이 (1728~1779)

에도 중기의 박물학자·희극 작가·화가. 다카마츠번(가가와현)의 하위무사의 아들로 태어난 겐나이는 나가사키로 유학을 가 서양학문을 배운 후 에도로 나와 본초학이나 유학을 배웠다. 정전기 발생장치인 「일렉텔」 외에 석면으로 만든 불연성 천(布)인 「화완포」,만보계,한난계 등, 많은 발명품을 세상에 선보였다. 또한 정월 첫 참배 당시 사는 화살(하마야)도 겐나이가 생각해낸 것이다.
일렉텔은 네덜란드에서 발명되어 에도시대 막부에 헌상되었다. 1770년 나가사키에 있던 겐나이는 부서진 일렉텔을 손에 넣어 그것을 토대로 일렉텔을 스스로 만들었다. 박스형태의 이 장치 외부는 목제, 내부에는 라이덴병이 있으며, 핸들을 돌려 내부의 유리를 마찰시킴으로 정전기를 방전시키는 것이었다. 겐나이가 만든 일렉텔은 통신종합박물관에 전시되어 있다.

볼타 (1745~1827)

이탈리아의 물리학자. 이탈리아 북부 코모에서 태어나 1774년 코모 왕립 학원의 물리학 교수가 되었다.
1778년 금속판과 절연체, 금속판으로 된 3층 구조의 전기 저장 콘덴서를 만들었다. 또한 1793년에는 「2종류의 금속 막대를 개구리 다리에 댔을 때 근육의 수축은 근육 속의 동물전기에 의한 것이다」라고 주장한 갈바니의 설을 부정하면서 「다른 종류의 금속이 접속해 전기가 발생한다」라고 주장했다. 이때부터 전기는 2종류의 금속 사이의 전위차라는 「볼타의 법칙」을 발견했다. 1800년에는 아연판과 구리판 사이에 염수를 배게 한 종이를 끼워 전기를 발생시키는 「볼타 전퇴(電堆)」라는 장치를 만들었다. 이것이 전지의 전신이 되었다. 현재 볼타의 이름은 전압의 단위를 나타내는 볼트[V]로 남아 있다.

전류의 정체는 전자의 흐름이다.

🔌 전자의 흐름으로 생성되는 전류

플러스로 대전된 물질과 마이너스로 대전된 물질 사이에서는 플러스로 대전된 물질이 마이너스로 대전된 물질로부터 전자를 구하는 상태가 된다. 이 2개의 물질 사이를 도체로 연결하면 마이너스 전하를 띤 자유전자가 쿨롱 힘으로 인해 플러스로 대전된 물질로 끌리면서 흘러가게 된다. 이것이 전류가 흐르는 상태이다.

마이너스로 대전된 물질은 자유전자가 뛰어나감으로써 마이너스 전하를 잃게 된다. 플러스로 대전된 물질은 자유전자를 얻음으로써 플러스 전하를 잃게 된다. 전류는 대전된 물질이 전하를 잃을 때까지 흐른다. 대전된 물질이 전하를 잃어가는 것을 **방전(放電)**이라고 한다.

전기가 흐르는 양의 단위를 암페어[A]라고 한다.

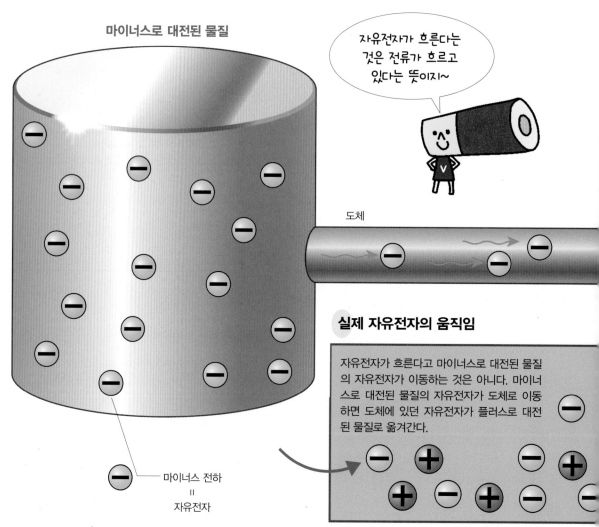

마이너스로 대전된 물질

자유전자가 흐른다는 것은 전류가 흐르고 있다는 뜻이지~

도체

마이너스 전하
=
자유전자

실제 자유전자의 움직임

자유전자가 흐른다고 마이너스로 대전된 물질의 자유전자가 이동하는 것은 아니다. 마이너스로 대전된 물질의 자유전자가 도체로 이동하면 도체에 있던 자유전자가 플러스로 대전된 물질로 옮겨간다.

전자의 흐름과 전류

꼬마전구에 불이 들어와 있을 때는 건전지의 플러스극에서 마이너스극으로 전류가 흐른다. 이때 회로 안의 도체의 자유전자는 마이너스극에서 플러스극으로 움직이게 된다. 전류의 흐름과 전자의 흐름은 반대다. 사실은 전류가 플러스극에서 마이너스극으로 흐른다는 개념은 전기의 정체가 자유전자의 흐름이라는 것을 알기 전에 사람이 정한 규칙이다.

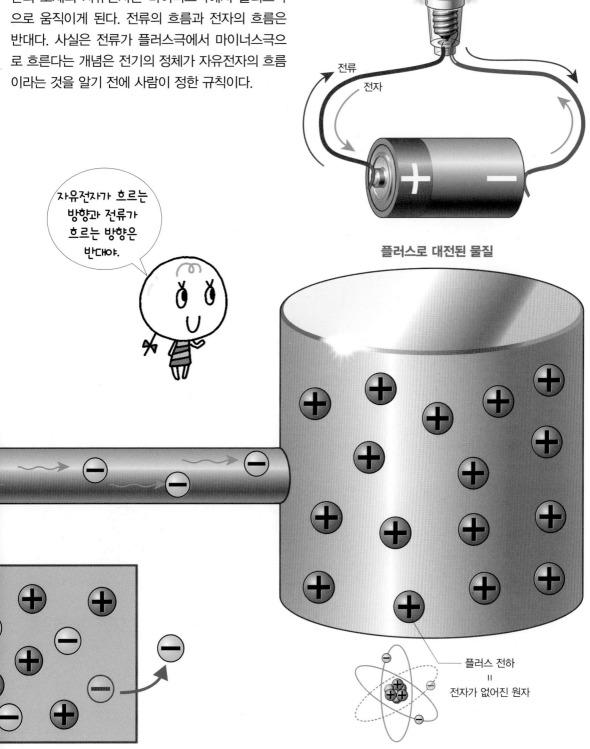

전류

전자

자유전자가 흐르는
방향과 전류가
흐르는 방향은
반대야.

플러스로 대전된 물질

플러스 전하
=
전자가 없어진 원자

원자와 전자(電子)

 알기 쉬운QR

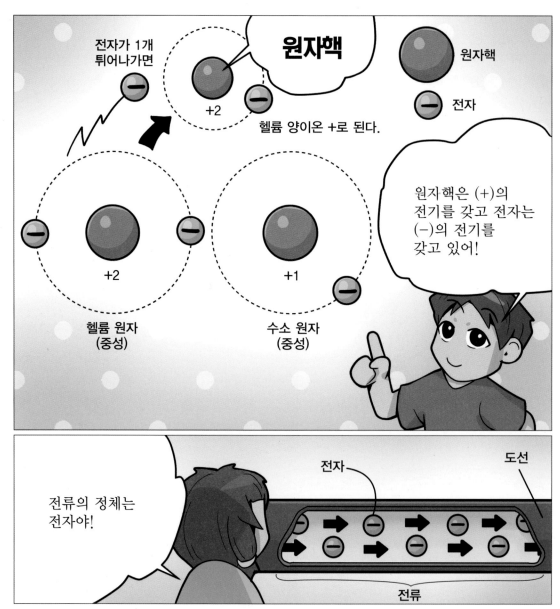

크룩스관의 실험에서 알 수 있는 것은, 음극선은 음(–)의 전기의 성질을 가진 입자의 흐름이라는 것이다. 이 입자가 바로 **전자**이다. 그러면 전자(일렉트론)란 도대체 어떤 것인가?

물체의 최소 단위인 **원자**는 모두 원자핵과 전자로 구성되어 있다. 이 중 원자핵은 양(+)의 전기를 갖고, 전자는 음의 전기를 갖고 있다. 원자는 이 2개의 전기적인 결합으로 중성을 유지하고 있다. 이 전자가 원자에서 튀어나가 음극선이 되거나, 도선 안에서는 전류로 되기도 한다. 또 전자가 빠져나간 후의 원자는 양으로 대전(帶電)하여 **양이온**이라 불리는 것이 된다.

물의 흐름과 전류는 무엇이 같은가?

물의 흐름(水流)과 비슷하게 흐르는 전류(電流). 전류는 전위가 높은 곳에서 낮은 곳으로 흐른다.

전류를 흐르게 하는 힘, 전압

물은 높은 곳에서 낮은 곳으로 흐른다. 전류도 이 현상과 비슷한 특징이 있다. 전류는 전위가 높은 플러스로 대전된 곳에서 전위가 낮은 마이너스로 대전된 곳을 향해 흐른다.

이 전위 차가 전류를 흐르게 하는 힘이 된다. 이 전위 차를 **전압(電壓)**이라고 하며, 전압의 크기를 나타내는 단위를 볼트[V]라고 한다.

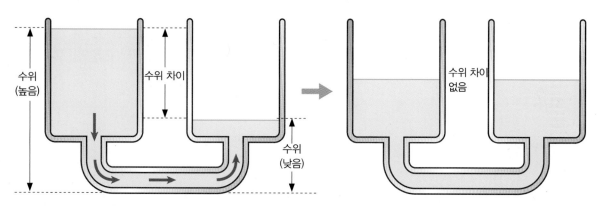

수위 차이의 높고 낮음이 물의 흐름을 만든다.

수위 차이가 없으면 물은 흐르지 않는다.

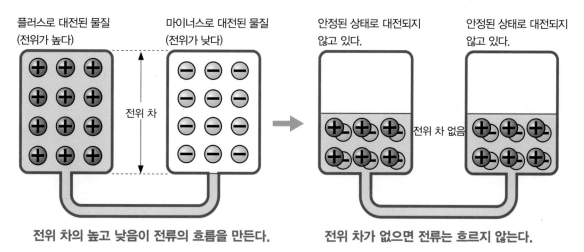

전위 차의 높고 낮음이 전류의 흐름을 만든다.

전위 차가 없으면 전류는 흐르지 않는다.

전류는 물의 흐름과 비슷하구나!

49

기전력을 만들어내는 전위 차

기전력(起電力)이란 회로에 전류를 흐르게 하려는 힘이다. 기전력은 전위 차를 만들어 발생한다. 기전력을 발생시키기 위해 화학변화나 전자 유도 (p.86)열, 빛 등 다양한 것이 이용되고 있다. 건전지의 경우 화학변화를 통해 전위 차를 발생시킨다.

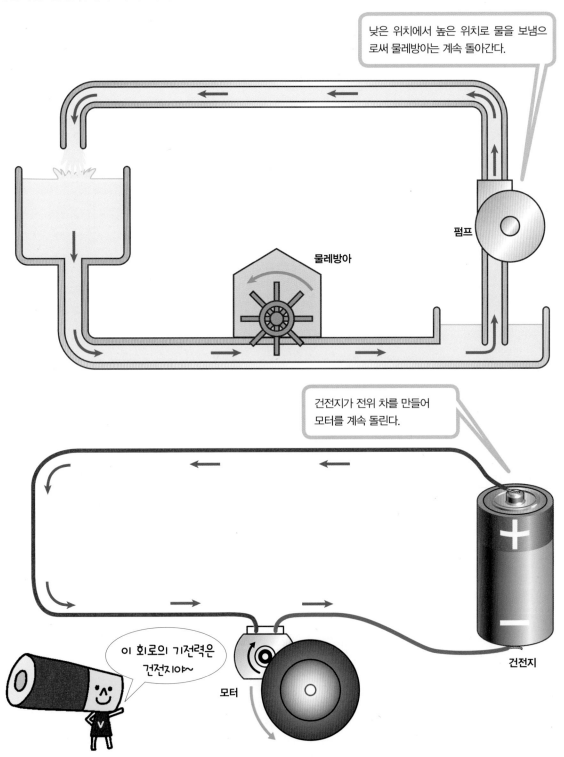

낮은 위치에서 높은 위치로 물을 보냄으로써 물레방아는 계속 돌아간다.

물레방아

펌프

건전지가 전위 차를 만들어 모터를 계속 돌린다.

이 회로의 기전력은 건전지야~

모터

건전지

전류

전기가 흐르고 있는지 여부는 소형 전구가 켜지는 것으로 알 수 있다. 그리고 그 소형 전구가 매우 밝으면 큰 전류가 흐르고, 어두우면 작은 전류가 흐른다. 전류의 크기를 나타내는 단위를 암페어(A)라고 한다.

1A는 그 전류가 영향을 미치는 길이에 대한 힘으로 결정되며, 전압, 저항 등 여러 가지 전기적 단위의 기본이 되고 있다. 1A의 1,000배가 1kA, 1,000분의 1이 1㎃, 백만분의 1이 1㎂이며, 가정의 100W(200V)전구 2개를 키면 집 안에는 1A의 전류가 흐르고 있는 것이다.

51

전하(電荷)

전기라는 용어에는 물질(뒤에 전자에서 설명한다)의 뜻과 전기적인 힘이라는 뜻의 2가지가 있는데, **전하**는 전기적인 힘을 나타내는 용어이다.

즉, 전하는 치수나 무게, 개수(個數)가 아니라 전기적으로 끌어당기거나 멀리하는 힘이 얼마나 있는지 나타내는 것으로 전하가 크면 그만큼 힘도 크다. 다만, 전하가 영향을 미치는 힘은 전하에서 멀어지면 멀어질수록 작아진다. 단위는 쿨롱(C)이며, 1A의 전류가 1초 동안에 운반되는 전하량을 1쿨롱이라고 한다.

전기가 잘 통하는 도체와 통하지 않는 부도(절연)체

도체에는 자유전자가 많으며, 가전자는 자유전자가 되기 쉬운 전자다.

🔌 도체 · 부도체의 원자 상태

물질에는 전기가 쉽게 통하는 도체와 통하지 않는 부도체(절연체)가 있다.

구리나 철 등의 도체는 자유전자가 많으므로 쿨롱 힘이 가해지면 자유전자가 이동한다. 즉, 전류가 흐르는 상태다.

고무나 유리 등의 부도체는 원자 안에서 전자와 원자핵이 강하게 결합되어 전자가 이동할 수 없는 것이다. 이와 같이 원자 안에서 구속되어 있어 자유롭게 이동하지 못하는 전자를 **구속전자(拘束電子)** 라고 한다.

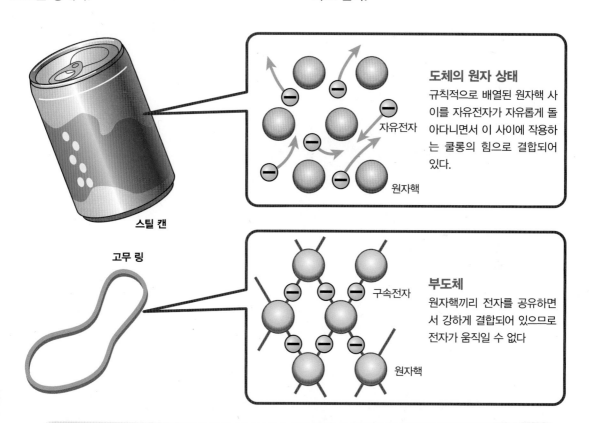

스틸 캔

고무 링

도체의 원자 상태
규칙적으로 배열된 원자핵 사이를 자유전자가 자유롭게 돌아다니면서 이 사이에 작용하는 쿨롱의 힘으로 결합되어 있다.

자유전자

원자핵

부도체
원자핵끼리 전자를 공유하면서 강하게 결합되어 있으므로 전자가 움직일 수 없다

구속전자

원자핵

일상생활을 뒷받침하는 반도체

반도체란 이름 그대로 도체와 부도체의 중간 역할을 하는 전기부품이다. 어느 상태에서는 전류가 흐르지 않지만 전압이나 온도가 바뀌면 전류가 흐른다. 또한 반대로 흐르던 전류가 전압이나 온도에 의해 흐르지 않게 된다.

의도대로 전류의 흐름이나 크기를 바꿀 수 있으므로 다양한 전기제품에 사용되고 있다.

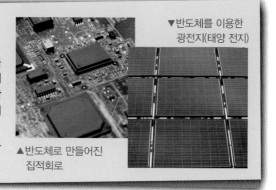

▼반도체를 이용한 광전지(태양 전지)

▲반도체로 만들어진 집적회로

🔌 원자 안에서 전자가 움직이는 궤도

전자는 항상 원자핵 주위를 돌고 있다. 전자는 원자핵으로부터 일정한 위치의 궤도를 돈다. 이 전자의 궤도를 **각(shell)**이라고 한다.

원자핵에 가장 가까운 위치부터 순서대로 K 각, L 각, M 각, N 각이라고 하며, 각각 2개(K 각), 8개(L 각), 18개(M 각), 32개(N 각)의 전자가 그 궤도에 들어간다.

바깥쪽으로 갈수록 원자핵과의 결합이 약하므로 가장 바깥쪽 궤도를 도는 전자는 **가전자(價電子)**라고 한다. 가전자는 자유전자가 되기 쉬운 전자다.

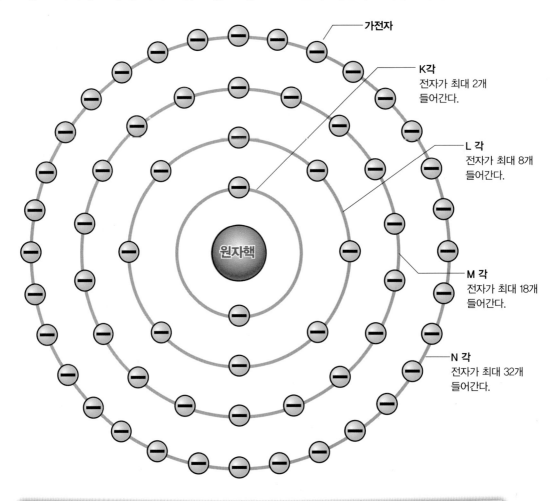

가전자

K각
전자가 최대 2개
들어간다.

L 각
전자가 최대 8개
들어간다.

M 각
전자가 최대 18개
들어간다.

N 각
전자가 최대 32개
들어간다.

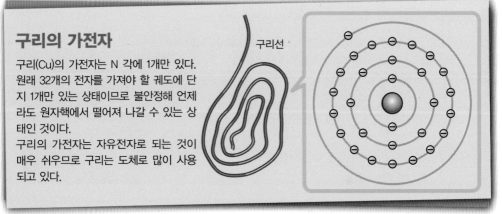

구리의 가전자

구리(Cu)의 가전자는 N 각에 1개만 있다. 원래 32개의 전자를 가져야 할 궤도에 단지 1개만 있는 상태이므로 불안정해 언제라도 원자핵에서 떨어져 나갈 수 있는 상태인 것이다.

구리의 가전자는 자유전자로 되는 것이 매우 쉬우므로 구리는 도체로 많이 사용되고 있다.

구리선

전기 흐름을 방해하는 저항과 줄열의 관계는?

전기 저항은 자유전자의 흐름을 방해함으로써 줄열을 발생시킨다.

전류의 흐름을 방해하는 전기 저항

자유전자는 금속 등의 도체 안을 자유롭게 이동하지만 어떤 금속이든 모두 그런 것은 아니다. 금속의 특성에 따라 자유전자의 이동 방법에도 차이가 있다.

금속 안을 자유전자가 이동하고 있으면 원자에 부딪친다. 자유전자가 원자에 부딪치면 자유전자의 이동 속도는 둔해진다. 즉 전류가 잘 흐르지 않게

된다. 이 성질을 **전기 저항**이라고 한다(간단히 저항이라고도 한다).

전기 저항은 금속에 따라 원자의 배열 상태나 밀도가 다르므로 각 금속에 따라 다르다. 전기 저항의 단위는 옴[Ω]으로 나타내며, 이 수치가 낮을수록 전류가 쉽게 흐른다.

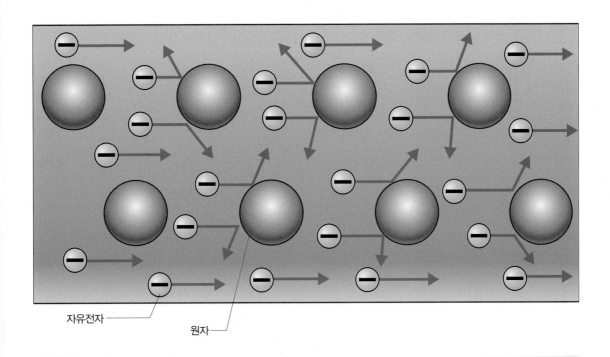

자유전자

원자

물질의 전기 저항(길이 1m, 단면적 1mm²)

물질에 따라 각 전기 저항값이 다르다. 전기 저항값은 은보다 구리 쪽이 높지만 구리는 구하기가 쉬우므로 일반적인 도선으로 널리 사용되고 있다.

도체					부도체		
은	동	금	알루미늄	철	고무	유리	폴리에틸렌
0.016 Ω	0.017 Ω	0.022 Ω	0.027 Ω	0.10 Ω	$10^{16} \sim 10^{21}$ Ω	$10^{15} \sim 10^{18}$ Ω	$10^{20} \sim$ Ω

전류의 발열 원리

전류란 전기(실은 자유전자)가 금속 안을 여러 가지(다른 자유전자와 원자)에 부딪치면서 나아가는 상태를 말한다.

이때 전기에 부딪힌 원자(물체의 가장 작은 단위)가 심하게 진동하여 열을 발생한다. 이 진동 횟수가 많고 클수록 발열량은 커진다. 저항률(단위 체적에 대한 저항값)이 작을수록, 그리고 전류값이 작을수록 이 진동이 적기 때문에 발열도 적다.

발열량의 측정

1g의 물의 온도를 1℃ 올리는데 필요한 열에너지를 1cal(칼로리)라고 한다. 그래서 물속에 넣은 니크롬선에 전류가 흐를 때 거기에 발생하는 열량을 구하기 위해서는 물의 온도가 올라간 양과 물의 중량을 곱하면 된다.

예를 들면, 100g(4℃의 물 100cc)의 물이 14℃로 올라갔다면 여기에서 구하는 발열량 Q_X는 $Q_X = 10 \times 100$이 되며, 1kcal 라는 것을 알 수 있다.

🔌 전기 저항으로 인해 발생하는 줄열

도체에 전류가 흐르고 있을 때 자유전자는 활발히 이동하고 있는 원자 쪽으로 격렬하게 충돌한다. 자유전자와 부딪친 원자는 충돌 충격으로 인해 진동한다. 이 진동으로 발생한 열을 **줄열**(Joule 熱)이라고 한다. 발열량의 단위는 줄[J]로 표시한다.

사실 원자는 항상 진동하고 있다. 이 진동을 **열진동** 또는 **격자운동**(格子運動)이라고 한다. 또한 온도가 높아질수록 원자의 진동폭은 커진다. 원자의 진동이 커지면 자유전자는 원자와 충돌하기 쉬워지므로 물질의 온도가 높을수록 전기 저항도 높아진다.

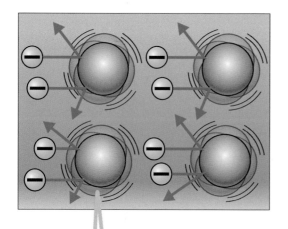

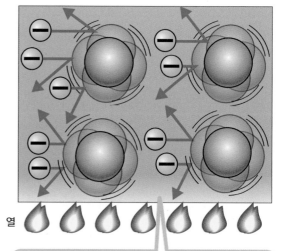

열

**자유전자가 부딪쳐 원자가
격렬하게 진동**

⬇

줄열 발생

**물질의 온도가 높아지면
원자의 진동이 커진다.**

⬇

**자유전자가 원자에 부딪칠
확률이 높아진다.
(전기 저항이 커진다)**

〈줄의 법칙〉 줄열은 줄의 법칙으로 구할 수 있다.

발열량[J] = 전압[V] × 전류[A] × 시간[초]

전압이 높아지면 자유전자가 원자에 강하게 부딪치므로 전압이 높을수록 발열량은 커진다.

전류가 많아지면 원자에 부딪치는 자유전자 수가 늘어나므로 전류가 많을수록 발열량은 커진다.

줄의 법칙

전압과 전류, 또 전류가 흐르는 시간 등을 여러 가지로 바꾸어 실험하면, 전류에 의한 발열량은...
① 전류가 흐른 시간에 비례하고, ② 전압과 전류가 일정하면 저항값에 비례하며, ③저항 값이 일정하면 전류의 제곱에 비례한다. 이러한 비례 관계는 줄이 시행한 정확한 실험 결과에서 다음과 같은 식으로 정리되었다.

$Q = 0.24 \times I^2 \times R \times t$ 즉 1Ω의 저항에 1A의 전류가 1초간 흐르면 0.24cal의 발열이 있다.

※ 줄 (James Prescott Joule): 1818년생, 영국의 물리학자

저항의 연결 방법과 발열량의 크기

저항의 연결 방법에 따라 발열량은 달라지지. 위의 그림은 **직렬 연결**이고, 아래 그림은 **병렬 연결**이야.

직렬일 때는 줄의 법칙에 따라 저항값이 큰 것이 발열량이 크죠.

하지만 병렬 접속에서는 저항값이 작은 것이 발열량은 커져요.

저항의 연결 방법에 따라 발열량은 어떻게 될까? 먼저 직렬 연결한 경우(**그림 A**)를 알아보자.

1초간 R_1의 발열량 Q_1과 R_2의 발열량 Q_2를 비교하면 줄의 법칙에서, $Q_1=0.24\times1^2\times30\times1=7.2$ / $Q_2=0.24\times1^2\times60\times1=14.4$가 된다.

즉 저항값이 큰 것이 발열량도 크다는 것을 알 수 있다.

그런데 병렬 연결했을 때(**그림 B**) 1초간의 발열량 Q_1, Q_2를 구하면 $Q_1=0.24\times3^2\times30\times1=64.8$ / $Q_2=0.24\times1.5^2\times60\times1=32.4$가 되어 저항값이 작을수록 발열량이 커진다.

전기가 하는 일과 실행한 일의 양은?

전기 에너지는 빛이나 열 등을 발생시킨다. 이 작용을 전력이라고 한다.

🔌 전기가 하는 일 = 전력

일정한 시간 동안 전기가 하는 작업량을 **전력(電力)**이라고 한다. 전력이 클수록 일정한 시간 동안 많은 에너지를 다른 형태의 에너지로 바꿀 수 있다. 전구를 예로 들면, 전력이 클수록 많은 전기 에너지를 빛 에너지로 변환할 수 있다. 이 에너지양을 나타내는 단위를 와트[W]라고 한다. 100W 전구는 10W 전구보다 훨씬 밝지만 10W 전구의 10배나 되는 에너지를 소비하게 된다.

전력은 전기가 작업하는 힘

	100W 전구		60W 전구		10W 전구
전력 [W]	대	>	중	>	소
다른 에너지로 전환할 수 있는 양	대	>	중	>	소
밝기	매우 밝다	>	밝다	>	어둡다

전력을 구하는 방법

전력[W]은 전기가 흐르는 양과 그 전압에 의해 구할 수 있다. 전압이 높고 전류가 많이 흐를수록 전력이 커진다.

$$전력[W] = 전압[V] \times 전류[A]$$

전력

줄의 법칙(Q=0.24×I²×R×t)에 옴의 법칙(E=R×I)을 적용하면 $\frac{Q}{0.24}$×I×E×t가 되고,

또 이식은 $\frac{Q}{0.24}$를 전기의 일량 W(단위는 줄(J))로 대입하면 W=I×E×t가 된다.

T를 초로 하여, $\frac{Q}{0.24}$를 전기의 일량 W(단위는 줄(J))로 대치하면, W=I×E×T로 된다.

이 I×E 즉 전기의 일률을 전력(P)이라 하고, 단위는 와트(W)로 나타낸다.

또 1cal는 약 4.2J의 일량에 해당하는 것을 기억해 두면 편리하다.

🔌 실제 실행한 일의 양 = 전력량

전력에 시간을 곱하면 실제 실행한 작업량이 된다. 이것을 **전력량(電力量)**이라고 한다. 전력량을 나타내는 단위는 발열량과 똑같이 줄[J]이다.

1W의 전력을 1초 동안 사용했을 때는 와트 초[Ws], 1W의 전력을 1시간 동안 사용했을 때는 와트 시[Wh]로 나타내는 경우도 있다.

500W짜리 에어컨을 30분 동안 사용하면
500W × 1800초 = 900,000J
= 900,000Ws
= 250Wh

줄[J]은 전력량 외에 열량으로도 사용해. 다만 일반적으로 전력량은 와트 시[Wh]로 나타내는 경우가 많지.

$$전력량[J] = 전력[W] × 시간[초]$$

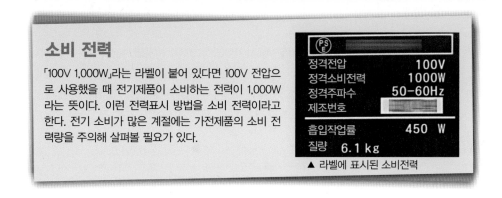

소비 전력

「100V 1,000W」라는 라벨이 붙어 있다면 100V 전압으로 사용했을 때 전기제품이 소비하는 전력이 1,000W라는 뜻이다. 이런 전력표시 방법을 소비 전력이라고 한다. 전기 소비가 많은 계절에는 가전제품의 소비 전력량을 주의해 살펴볼 필요가 있다.

PS E		
정격전압		100V
정격소비전력		1000W
정격주파수		50-60Hz
제조번호		
흡입작업률		450 W
질량	6.1 kg	

▲ 라벨에 표시된 소비전력

전력량

전력량이란 **전력**의 항에서 설명한 와트(W)를 말하며, 전력(전기의 일률)×시간으로 나타내고, 시간은 일반적으로 "초"로 계산하도록 되어 있다.

그러나 가정에서의 소비 전력량과 같이 몇 천 초가 되는 큰 것은 초로는 계산이 어렵기 때문에 "시간"을 사용한다. 예를 들면 220V용 100W의 전구를 3시간 점등하면 100×3으로 사용 전력량 300Wh로 표현한다.

원자의 이온화를 이용해 만드는 전기는?

이온화를 이용한 화학변화에 의해 전기를 만들 수 있다.

🔌 대전된 원자 = 이온

원자는 전자를 방출하거나 받아들여 존재하는 경우가 있다. 이것을 원자의 이온화(Ion 化)라고 한다. 원자가 전자를 방출하면 원자는 플러스로 대전되어 플러스 이온이 된다. 또한 전자를 받아들이면 원자는 마이너스로 대전되어 마이너스 이온이 된다.

원자가 이온화하는 것을 **전리(電離)**라고 하며, 이온이 녹아든 물질을 **전해질(액체인 경우, 전해액)**이라고 한다.

전해액에 전극을 넣고 전압을 가하면 플러스 이온이 마이너스극으로 끌려가 전자를 받아들이고, 마이너스 이온이 플러스극으로 끌려가 전자를 방출한다. 이 이온의 이동에 의해 전해액에는 전류가 흐른다.

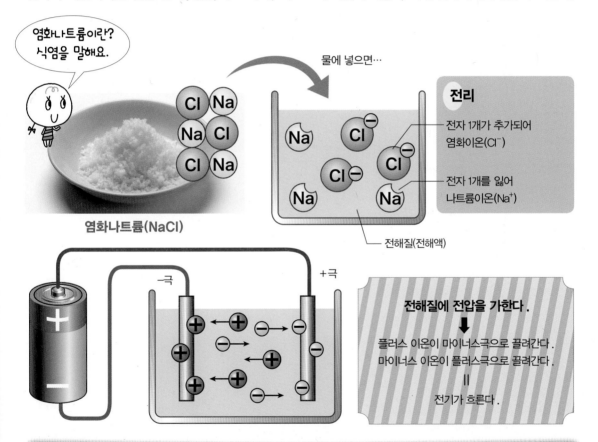

염화나트륨이란? 식염을 말해요.

물에 넣으면…

전리
전자 1개가 추가되어 염화이온(Cl⁻)
전자 1개를 잃어 나트륨이온(Na⁺)

염화나트륨(NaCl)

전해질(전해액)

−극   +극

전해질에 전압을 가한다.
↓
플러스 이온이 마이너스극으로 끌려간다.
마이너스 이온이 플러스극으로 끌려간다.
||
전기가 흐른다.

이온화 경향

이온화 경향이란 금속이 전자를 방출해 플러스 이온이 되려는 성질이다. 이온화 경향이 큰 금속은 전자를 방출해 플러스 이온이 되기 쉬우며, 그 순서를 나열한 것을 「이온화 열」이라고 한다.

이온이 되기 어렵다 →   ← 이온이 되기 쉽다

| Au 금 | Pt 백금 | Ag 은 | Hg 수은 | Cu 구리 | H 수소 | Pb 납 | Sn 주석 | Ni 니켈 | Fe 철 | Zn 아연 | Al 알루미늄 | Mg 마그네슘 | Na 나트륨 | Ca 칼슘 | K 칼륨 |

이온을 이용한 볼타 전지

최초로 전지를 발명한 것은 이탈리아의 물리학자 볼타다. 황산을 물에 녹인 묽은 황산에 아연판과 구리판을 넣고 도선으로 연결한 장치로 전지로서 오래 사용할 수 있는 것은 아니었다. 이런 전지를 일반적으로 **볼타 전지**라고 한다.

황산(H_2SO_4)은 물속에서 수소이온(H^+)과 황산이온(SO_4^{2-})으로 전리되어 전해액이 된다. 아연판에서는 이온화 경향이 큰 아연(Zn)이 전자를 놔두고 전해액으로 녹아내림으로써 아연이온(Zn^{2+})이 된다. 아연판에 남은 전자는 도선을 통해 구리판으로 향한다. 이 전자의 흐름에 의해 꼬마전구에 불이 들어오는 것이다.

전해액 안에는 수소이온과 아연이온 2개의 플러스 이온이 있다. 아연이온보다 이온화 경향이 낮은 수소 이온은 구리판을 향해 전자를 받아들여 수소(H)가 된다.

볼타 전지에서는 아연판이 마이너스극이 되고 구리판이 플러스극이 된다. 일반적으로 이온화 경향이 큰 금속이 마이너스극, 이온화 경향이 작은 금속이 플러스극이 된다.

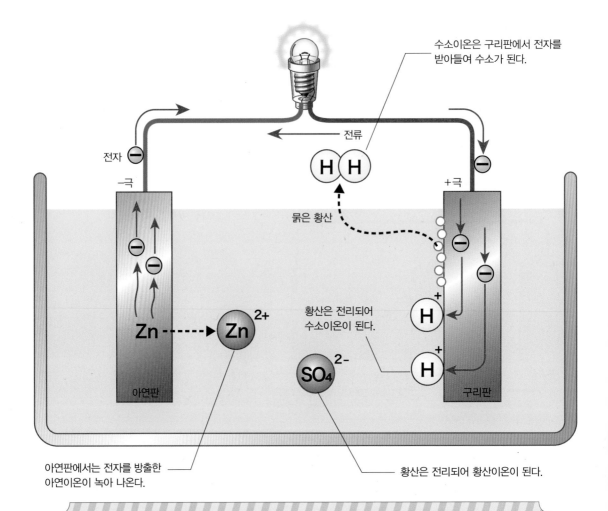

수소이온은 구리판에서 전자를 받아들여 수소가 된다.

전자

전류

－극

묽은 황산

＋극

황산은 전리되어 수소이온이 된다.

Zn ⤍ Zn^{2+}

SO_4^{2-}

H^+

H^+

아연판

구리판

아연판에서는 전자를 방출한 아연이온이 녹아 나온다.

황산은 전리되어 황산이온이 된다.

> **아연판이 마이너스로 대전되고, 구리판이 플러스로 대전된다.**
> **전자가 아연판에서 구리판으로 이동함으로써 꼬마전구에 불이 들어온다.**

전지의 원리

이 안에 전기가 들어 있다니 신기해요!

이것이 전지의 구조란다.

2종류의 금속판을 산의 수용액에 담그면 금속판에 음(－) 전기가 대전하는 거야.

음(－) 전기를 많이 대전한 쪽의 판을 마이너스극(－)이라 하고, 적은 쪽을 플러스극(＋)이라 하죠.

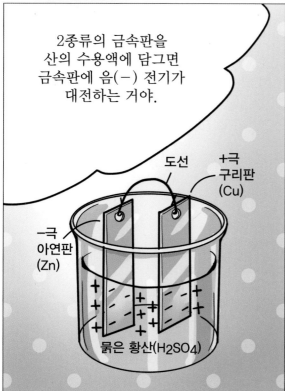

도선
＋극 구리판(Cu)
－극 아연판(Zn)
묽은 황산(H₂SO₄)

음(－) 전기는 많은 쪽에서 적은 쪽으로 이동하기 때문에 전기가 발생하는 거군요.

조금 어렵겠지만, 여기서 화학전지의 전기 발생 원리에 대해 설명한다. 위의 그림과 같이 2종류의 금속판(또는 탄소봉)을 산(酸)이나 알칼리 수용액에 담그면 금속판이 반응하여(이온화하여) 금속판을 음(－) 전기로 대전(帶電)시킨다.

그런데 2개의 금속판에 대전하는 세기가 다르기 때문에 2개의 금속판을 도선(전기를 통하는 금속선)으로 연결하면 음(－) 전기가 많은 쪽에서 적은 쪽으로 이동한다. 그리고 다시 대전을 반복한다. 이때의 음(－) 전기가 많은 쪽(그림에서는 아연판)을 마이너스(－)극이라 하고, 적은 쪽(그림에서 는 구리판)을 플러스(＋)극이라 한다.

한 번 사용하고 버리는 1차 전지는?

화학 전지에는 1차, 2차 전지가 있다. 1차는 사용하고 버리는 타입의 전지이다.

1회용인 1차 전지

볼타 전지처럼 화학변화를 이용해 전기를 일으키는 전지를 **화학 전지**라고 한다. 화학 전지에는 1차 전지, 2차 전지, 연료 전지가 있다.

1차 전지에는 망간 전지, 알칼리 전지, 리튬 전지 등이 있다. 1차 전지는 충전이 안 되어 사용하고 버리는 유형의 전지다.

▲ 망간 전지　　　▲ 알칼리전기　　　▲ 리튬전기

망간 전지

망간 전지 안에는 마이너스극이 되는 아연 캔이 있고 그 안쪽에는 이온밖에 통과하지 못하는 세퍼레이터가 있다. 세퍼레이터 안에는 플러스극이 되는 이산화망간, 전해액이 되는 염화아연과 물이 섞여서 페이스트 상태가 된 **합제(合劑)**가 있으며, 중앙에는 탄소막대가 있다.

망간 전지를 사용하면, 먼저 아연이 자유전자를 아연 캔에 남기고 아연이온이 되어 녹아든다. 아연 캔의 자유전자는 회로를 통해 탄소막대로 이동하며, 그 후 이산화망간이 자유전자를 받아들인다. 이런 식으로 전자의 흐름이 일어나는 것이다.

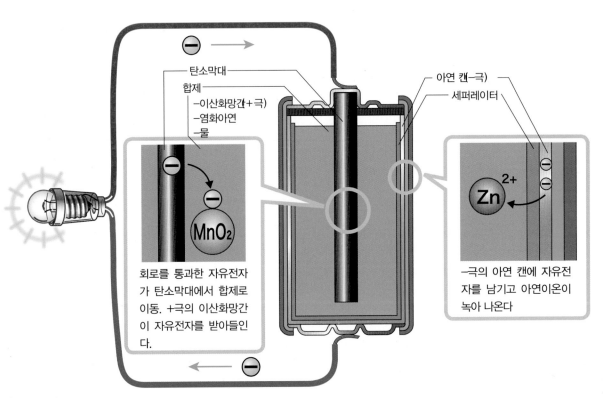

탄소막대

합제
- 이산화망간(+극)
- 염화아연
- 물

아연 캔(-극)

세퍼레이터

MnO_2

회로를 통과한 자유전자가 탄소막대에서 합제로 이동. +극의 이산화망간이 자유전자를 받아들인다.

Zn^{2+}

-극의 아연 캔에 자유전자를 남기고 아연이온이 녹아 나온다

알칼리 전지

알칼리 전지는 철제 캔 안에 플러스극이 되는 이산화망간이 있다. 이산화망간 안쪽에는 세퍼레이터가 있으며, 그 안에 마이너스극이 되는 아연 전해액이 되는 수산화칼륨과 물이 섞인 합제가 있다. 합제 중앙에는 **집전봉(集電棒)**이 있다. 알칼리 전지는정식으로는 알칼리망간 전지라고 하는데 이것은 수산화칼륨이 알칼리성이기 때문이다. 알칼리 전지는 아래 그림과 같이 전자가 흐른다.

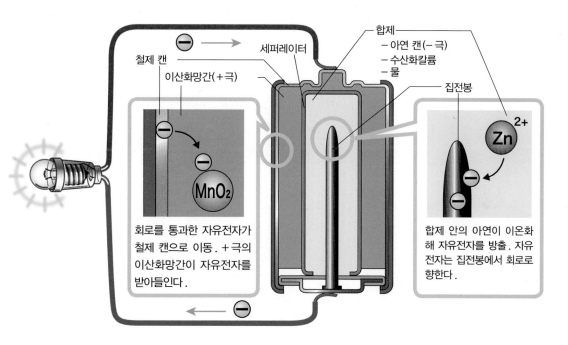

리튬 전지

리튬은 금속에서 가장 큰 이온화 경향을 가지므로 이것을 마이너스극으로 이용하면 플러스극과의 전위 차를 쉽게 얻을 수 있다. 리튬은 2차 전지로도 사용되고 있다.

리튬 전지의 플러스극에는 이산화망간이 많이 사용된다. 세퍼레이터를 경계로 리튬과 이산화망간이 놓여 있다. 아래 그림처럼 리튬 전지에는 전자가 흐른다.

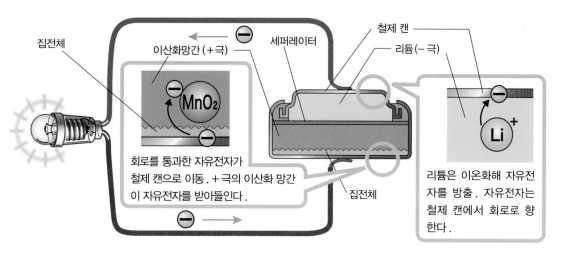

건전지의 구조

알기 쉬운QR

와~!
건전지 안에
이런 것이
들어 있구나!

금속 캡 +극 탄소봉

밀봉 재료

이산화망간 탄소분말
염화암모늄을
혼합한 것.

염화암모늄을
적신 종이

금속 외장

플라스틱
(절연물)

아연통

−극 금속 밑판

이것이 건전지의 내부란다.

　망간 건전지의 구조를 살펴보자. 중앙에 탄소봉을 놓고, 주변을 염화암모늄 수용액에 적신 종이와 아연 통으로 둘러싸고 그 사이에 이산화망간, 탄소분말, 염화암모늄을 혼합하여 채워 넣었다. 마치 염화암모늄 수용액에 아연과 탄소봉을 담근 것과 같으며(아연 통이 (−)극이고, 탄소봉이 (+)극), 수용액이 변화하여 양극을 대전시킬 힘이 없어질 때까지 전기를 끌어낼 수 있다. 또 액에서 발생하는 수소가 탄소봉에 달라붙으면 전기가 흐르지 않으므로 이를 방지하기 위해 이산화망간을 「**감극제(減極劑) : 전지가 일정한 전류를 내기 위해 전극에서 분극적용을 감소시키는 물질**」로 사용하고 있다.

다시 충전하여 사용하는 2차 전지는?

2차 전지는 전압을 가함으로써 전지 안에 화학 에너지를 축적한다.

반복 사용하는 2차 전지

2차 전지는 충전해두었다가 반복해 사용할 수 있는 화학 전지이므로 축전지, 충전지라고도 한다. 전지 안의 화학 에너지를 모두 사용해도 전압을 가해 화학물질을 전기분해함으로써 화학 에너지를 축적할 수 있다.

주로 납축전지, 리튬 이온 전지 등이 있다.

▲리튬 이온 전지

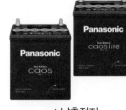

▲납축전지

납축전지의 방전

납축전지는 마이너스극에 납(Pb), 플러스극에 이산화납(PbO_2), 전해질에 묽은 황산을 사용한다. 전해질 안의 황산(H_2SO_4)은 전리되어 플러스 이온인 수소이온(H^+)과 마이너스이온인 황산이온(SO_4^{2-})이 되어 있다.

방전될 때 마이너스극의 납에서 납이온(Pb^{2+})이

녹아 나오고 자유전자를 마이너스극에 남긴다. 자유전자는 회로를 통과해 플러스극에서 이산화납, 수소이온, 황산이온과 화학반응을 일으킴으로써 황산납과 물이 생긴다. 마이너스극에서도 납이온과 황산이온이 화학반응을 일으켜 황산납이 생긴다.

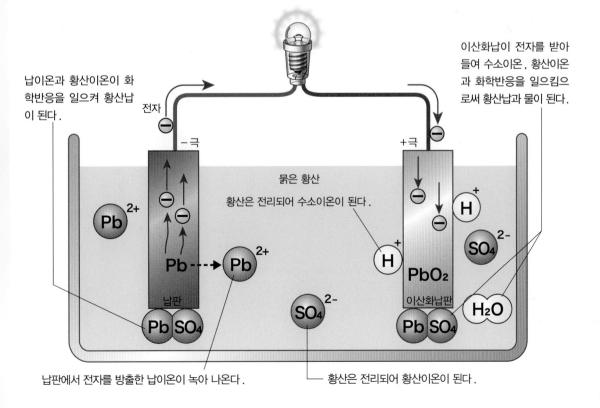

납이온과 황산이온이 화학반응을 일으켜 황산납이 된다.

이산화납이 전자를 받아들여 수소이온, 황산이온과 화학반응을 일으킴으로써 황산납과 물이 된다.

전자

－극

묽은 황산

황산은 전리되어 수소이온이 된다.

＋극

Pb^{2+}

$Pb ----> Pb^{2+}$

납판

H^+

PbO_2

이산화납판

H^+

SO_4^{2-}

H_2O

Pb SO_4

SO_4^{2-}

Pb SO_4

납판에서 전자를 방출한 납이온이 녹아 나온다.

황산은 전리되어 황산이온이 된다.

🔌 납축전지의 충전

납축전지를 계속 방전하면 마이너스극과 플러스극 양쪽이 황산납으로 덮이게 된다. 또한 전해질의 묽은 황산도 물에 의해 점점 엷어진다. 그러다 마지막에는 방전을 못하게 된다. 이것이 화학 에너지를 다 사용한 상태다. 그러나 2차 전지인 납축전지는 전압을 가함으로써 충전할 수 있다.

납축전지에 전압을 가하면 마이너스극에서는 황산납이 자유전자를 받아들여 납과 황산이온이 된다. 플러스극에서는 황산납과 물이 화학반응을 일으켜 이산화납이 되며, 수소이온과 황산이온이 녹아나와 전극에 자유전자를 남긴다. 이와 같은 전기분해에 의해 납축전지는 원래 상태로 돌아간다.

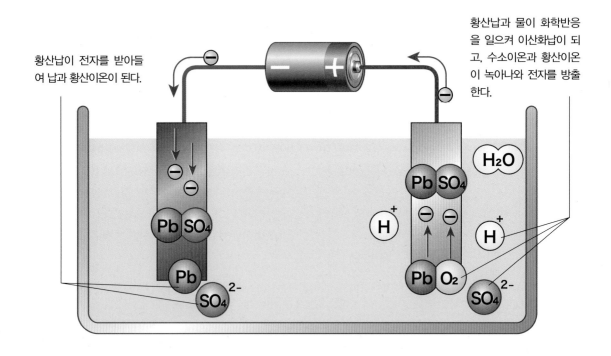

황산납이 전자를 받아들여 납과 황산이온이 된다.

황산납과 물이 화학반응을 일으켜 이산화납이 되고, 수소이온과 황산이온이 녹아나와 전자를 방출한다.

기타 주요 2차 전지

2차 전지로는 납축전지 외에 니켈 카드뮴 전지와 리튬 이온 전지가 유명하다.
니켈 카드뮴 전지는 마이너스극에 카드뮴, 플러스극에 수산화니켈, 전해질에 수산화칼륨이 사용된다. 전기의 출력이 크고 전력을 안정적으로 공급할 수 있지만 카드뮴이 유독하기 때문에 사용하는 곳은 전동공구나 일부 사무용으로 한정되어 있다.
리튬 이온 전지는 마이너스극에 탄소질 소재, 플러스극에 리튬산화물, 전해질에 탄소에틸렌과 리튬염이 사용된다. 용량이 크고, 작고 가벼워 휴대전화기나 노트북 등의 전자·전기제품에 폭넓게 사용되고 있다.

리튬 이온 전지를 사용하는 전자제품

▲노트북

휴대전화기▶

축전지(Battery)

> 그건 뭐에요?

> 자동차의 배터리란다.

> 납산 축전지 라고 하는 거야.

> 축전지는 이 밖에 전기면도기 등에 사용하는 알칼리 축전지가 있어.

위잉

납산 축전지의 충전

이산화납 (PbO2)　　납 (Pb)

묽은 황산 (H2SO4)

> 전기가 발생하지 않을 때, 위와 같이 전압을 공급하면 다시 사용할 수 있게 되는 거야.

> 어? 안에 무엇이 들어있지?

> 물 같은 것이 있네

　축전지는 건전지와 다르게 충전하여 사용하는 것이 큰 특징이다. 자동차에 사용되는 배터리(납산 축전지)와 전기면도기 등 소형 제품에 사용하는 알칼리 축전지가 있다. 이 가운데 납산 축전지는 (+)극에 이산화납, (−)극에는 납을 사용하여 묽은황산에 담가 황산이 황산납으로 변하는 과정에서 전기가 발생되는 구조이다.

　그래서 황산이 적어지면 전기를 발생할 수 없어 외부에서 전기가 반대로 흐르도록 전압을 공급하여 황산납을 분해함으로써 다시 전기가 발생하는데, 이 과정을 **충전**이라고 한다.

플라즈마는 어떻게 발생하는가?

높은 에너지 안에서 물질이 안정적인 상태로 있는 것을 플라즈마라고 한다.

⚡ 플라즈마는 제4의 물질 상태

우리 주변에 있는 물질은 열을 가해나가면 어떤 물질이라도 고체에서 액체, 그리고 기체로 상태를 바꿔나간다. 심지어 몇 만℃ 이상의 초고온까지 올라가도록 에너지를 가했을 경우, 물질은 **플라즈마** 라고 하는 상태가 된다.

플라즈마는 초고온 기체 속에서 원자나 분자가 서로 부딪치면서, 원자에서 전자가 튀어나옴으로서 발생한다. 플라즈마는 다수의 플러스이온과 전자가 자유롭게 날아다니는 상태이다. 또한 번개 등과 같은 기체가 방전할 때, 고속으로 이동하는 전자가 원자에 부딪치고, 그 부딪친 원자가 전자를 방출하는 것으로도 일어난다.

플라즈마의 생성 방법 ① 초고온

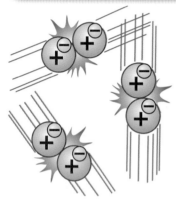

기체에 에너지가 가해지면 초고온으로 올라가면서 원자나 분자가 서로 부딪친다.

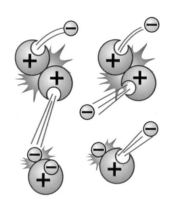

충돌에 의해 원자에서 떨어져 나온 전자가 다른 원자에 부딪쳐 전자가 떨어져 나온다.

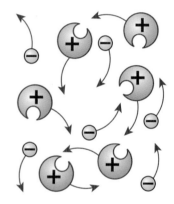

전자를 잃은 원자(플러스 이온)와 전자가 자유롭게 날아다니고 있다. (플라즈마 상태)

플라즈마의 생성 방법 ② 기체 방전

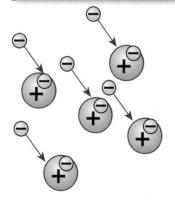

방전에 의해 기체 안을 고속으로 이동하는 전자가 원자나 분자에 부딪친다.

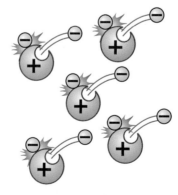

전자의 충돌에 의해 원자나 분자에서 전자가 떨어져 나온다.

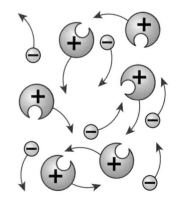

전자를 잃은 원자(플러스 이온)와 전자가 자유롭게 돌아다니고 있다.(플라즈마 상태)

플라즈마는 전기를 통하게 한다.

플라즈마는 마이너스 전하인 전자와 플러스 전하인 플러스 이온의 수가 똑같기 때문에 전기적으로 안정된 상태이다.

플라즈마에 전압을 가하면 플러스극으로 전자가 이동하고, 마이너스극으로 플러스 이온이 이동해 전기를 흐르게 한다.

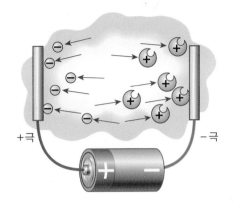

오로라는 플라즈마의 빛

지구의 남극 부근이나 북극 부근에서 관측되는 오로라는 태양에서 방출된 태양풍이 지구 자계의 틈새에서 빠져나와 지구로 쏟아지는 현상이다.

태양풍은 플라즈마 상태로 우주공간을 이동한다. 지구에는 주로 전자만 쏟아지기 때문에, 플라즈마화하고 있는 지구 대기의 원자와 반응해 다양한 색으로 빛나는 것이다.

플라즈마는 우리 주변에서는 볼 수 있는 기회가 별로 없지만 우주공간 대부분은 사실 플라즈마 상태다. 오로라는 우주공간에 플라즈마 상태의 물질의 물질이 많이 존재하는 것을 보여주는 천체 현상이다.

전류와 자계의 관계는?

전류가 흐르면 그 주변에는 자계가 발생한다.

⚡ 자력이 작용하는 자계

자석이 서로 당기거나 밀어내는 힘을 **자력(磁力)**이라고 한다. 또한 자력이 미치는 범위를 **자계(磁界)**라고 하며, 자계는 **자력선(磁力線)**으로 나타낸다.

자기에는 S극과 N극의 극성이 있으며, 전기에는 플러스극과 마이너스극의 극성이 있다. 둘 다 서로 당기거나 밀어내는 것은 비슷하다. 그러나 전기의 플러스극과 마이너스극은 단독으로 존재할 수 있지만 자기의 S극과 N극은 단독으로 존재할 수 없다.

⚡ 전류가 만드는 자계

도선에 전류가 흐르면 도선 주변에 원형상태의 자계가 발생한다. 전류 주변에 자계가 생기는 것이다. 이것을 **자기작용(磁氣作用)**이라고 한다.

자계는 전류가 흐르는 방향의 시계방향으로 발생한다. 나사가 들어가는 방향의 오른쪽으로 돌아가는 것과 같으므로 **오른나사의 법칙**이라고 한다. 또한 발견한 사람의 이름을 따 **앙페르의 법칙**이라고도 한다.

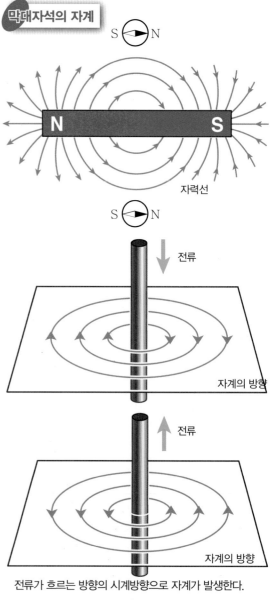

막대자석의 자계

자력선

전류

자계의 방향

전류

자계의 방향

전류가 흐르는 방향의 시계방향으로 자계가 발생한다.

전기와 자기는 깊은 관계가 있어~

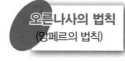

오른나사의 법칙
(앙페르의 법칙)

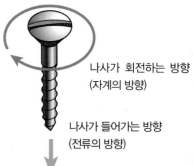

나사가 회전하는 방향
(자계의 방향)

나사가 들어가는 방향
(전류의 방향)

자력(磁力)의 크기

자석의 자력은 자극의 접촉면이 가장 강하고, 철편을 자석(자극)에서 조금씩 멀리하면 자력의 영향이 급속히 약해진다. 마침내 철편은 자력의 영향을 거의 받지 않게 되는데, 그 이유는 자력의 세기는 자극까지 거리의 제곱에 반비례하기 때문이다.

예를 들면 철편과 자석과의 거리가 3cm일 때는 1cm인 경우와 비하면 1/9로 작아진다. 그리고 자력이 영향을 미치는 범위, 즉 자석이 철편을 끌어당길 수 있는 범위를 **자계(磁界)** 또는 **자장(磁場)**이라 한다.

자력선(磁力線)

이 방위 자침을 여러 개 막대자석 주변에 늘어놓으면 어떻게 된다고 생각하니?

늘어 놓으면 보이지 않는 자력선의 곡선을 잘 알 수 있어요!

자력선

자화(磁化)시켜 두 극을 뾰족하게 하고 또 방향이 동서남북으로 자유롭게 움직이도록 한 **방위 자침(方位磁針)**을 그림과 같이 막대자석의 주위에 늘어놓는다.

그러면 방위 자침의 N극은 항상 막대자석의 S극 방향으로 향하여 N극에서 S극을 향해 막대자석을 감싸는 모양의 곡선을 그린다. 이 곡선을 **자력선**이라하며, 자력(磁力)이 작용하는 방향을 나타낸다. 여기에 쇳가루를 뿌려 놓으면 자력선이 양쪽의 극에서 방사상(放射狀)으로 나가는 모습을 뚜렷이 볼 수 있다.

오른나사의 법칙

전류에 의해 방위 자침 끝의 방향이 변화하는 것은 전류가 전선 주위에 직각으로 자계를 발생시켜 자침을 잡아당기기 때문이며, 잡아당기는 방향은 다음과 같은 방법으로 알 수 있다.

위의 그림과 같이 오른손의 엄지손가락을 전류의 방향으로 하고 가볍게 잡았을 때 다른 네 손가락의 방향, 즉 발생한 자계의 회전 방향이 된다. 이 규칙성을 나사가 회전하는 방향과 끼우는 방향의 관계가 같아서 **오른나사의 법칙**이라고 한다.

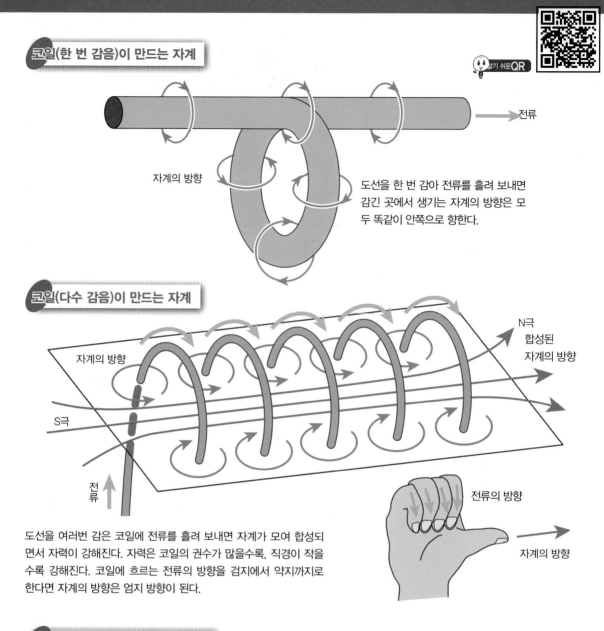

코일(한 번 감음)이 만드는 자계

전류

자계의 방향

도선을 한 번 감아 전류를 흘려 보내면 감긴 곳에서 생기는 자계의 방향은 모두 똑같이 안쪽으로 향한다.

코일(다수 감음)이 만드는 자계

자계의 방향

N극
합성된
자계의 방향

S극

전류

전류의 방향

자계의 방향

도선을 여러번 감은 코일에 전류를 흘려 보내면 자계가 모여 합성되면서 자력이 강해진다. 자력은 코일의 권수가 많을수록, 직경이 작을수록 강해진다. 코일에 흐르는 전류의 방향을 검지에서 약지까지로 한다면 자계의 방향은 엄지 방향이 된다.

철심이 들어간 코일이 만드는 자계

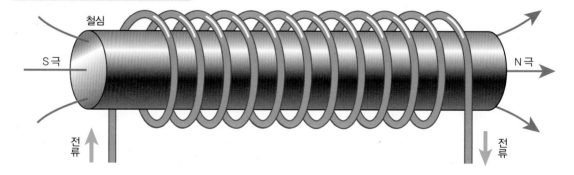

철심

S극

N극

전류

전류

자석에 달라붙는 철은 강자성체라고 한다. 강자성체는 자계와 닿으면 자석의 성질이 나타난다.
이것을 자기유도(磁氣誘導)라고 한다. 코일 안에 철심을 넣으면 자기유도에 의해 자력이 더강해진다.

원형 전류로 발생하는 자계

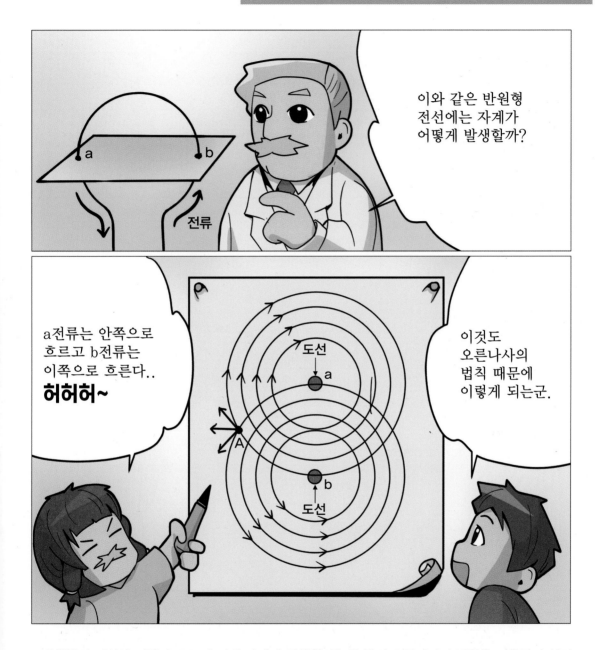

반원형의 전선에 전류가 흐르면 어떤 자계가 발생할까? 앞 항의 **오른나사의 법칙**을 이용하여 설명하면 전선의 수직 단면에서 각 점에 대한 자력의 방향을 보았을 때 오른나사의 법칙에 따라 A점에서는 좌우의 전선에서 같은 방향의 힘을 받고 있다. 이 합성의 힘이 자력의 방향이다.

다른 점에서 받는 힘도 모두 이 A점과 같은 방향이며, 이 원형의 전류로 발생하는 자계의 방향은 오른쪽에서 왼쪽으로 향하게 된다. 물론 전류의 방향이 반대라면 자력의 방향도 반대가 된다.

코일이 만드는 자계

코일이란 앞 항에서 설명한 원형 전류가 연속되어 있는 것으로 생각하면 된다. 그리고 각각의 원형 전류로 발생하는 자계의 방향은 다음과 같은 규칙이 있다. 그것은 각 전선에 흐르는 전류의 방향이 같다면 위의 그림과 같이 전류의 방향을 따라 오른손으로 잡았을 때 엄지손가락의 방향이 코일 안에서 발생하는 자계의 방향이다.

즉 항상 엄지손가락 쪽으로 N극의 자석이 코일에 의해 만들어지며, 이와 같이 전류가 흘러서 만드는 자석을 **전자석**이라고 한다.

전자력(로렌츠의 힘)은 어떻게 발생하는가?

자석의 자계와 전류가 만든 자계가 서로 영향을 미쳐 전자력이 발생한다.

플레밍의 왼손 법칙

자석의 자계 안을 지나가는 도선에 전류를 흘려보내면 전류가 만든 자계와 자석의 자계가 서로 영향을 미쳐 물체를 움직이는 힘이 생긴다. 이것을 **전자력(電磁力)**이라고 한다(로렌츠 힘이라고도 한다).

이때 전류 방향, 자계 방향, 전자력 방향은 오른손의 중지, 검지, 엄지를 각각 직각으로 교차하듯펼친 상태로 대응한다. 이것을 **플레밍의 왼손법칙**이라고 한다.

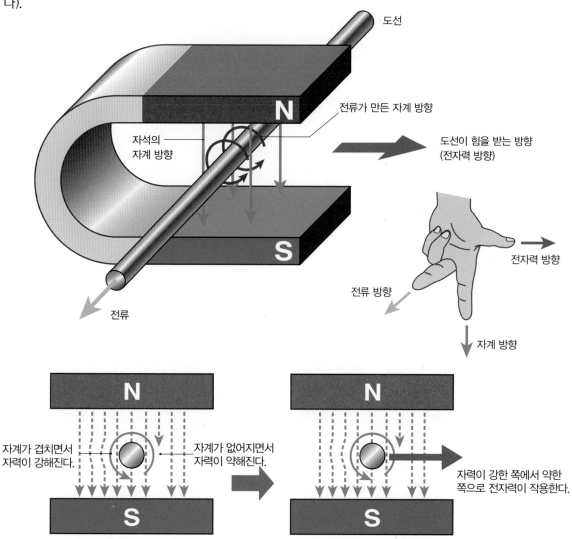

도선

전류가 만든 자계 방향

자석의 자계 방향

N

도선이 힘을 받는 방향 (전자력 방향)

S

전류

전자력 방향

전류 방향

자계 방향

N

자계가 겹치면서 자력이 강해진다.

자계가 없어지면서 자력이 약해진다.

S

N

자력이 강한 쪽에서 약한 쪽으로 전자력이 작용한다.

S

자석의 자계는 N극에서 S극으로 향하므로 그림에서는 위에서 아래가 된다. 전류가 만드는 자계는 오른쪽으로 돌기 때문에 그림에서는 시계반대 방향이 된다. 도선의 왼쪽은 양쪽 자계의 방향이 겹치기 때문에 자력이 강해지고, 오른쪽은 자계 방향이 서로 반대가 되므로 자력이 약해진다. 그러면 자력의 강도가 균등해지도록 도선에는 오른쪽으로 움직이는 힘이 작용한다. (전자력, 로렌츠 힘)

플레밍의 왼손 법칙

전류가 흐르는 전선이 자계 안에서 받는 힘에는 일정한 법칙이 있지.

이것을 플레밍의 왼손의 법칙이라 한다!!

N극
전류
S극

움직이는 힘

전류

자계(자력선)

왼손의 집게손가락을 자계의 방향으로 향하고, 가운뎃 손가락을 전류의 방향으로 하였을 때 전선이 자계에서 받는 힘의 방향은...

가운뎃손가락 에서 차례로 전(電), 자(磁), 힘이라고 기억 하면 된다.

전류가 흐르는 전선이 자계 안에서 받는 힘에는 일정한 법칙이 있으며, 그 법칙은 왼손의 엄지손가락, 집게손가락, 가운뎃손가락의 3개를 각각 직각으로 펴서 나타낼 수 있다.

집게손가락을 자력선의 방향, 즉 N극에서 S극의 방향으로 하고, 가운뎃손가락을 전류의 방향으로 나타낼 경우 전선이 자계에서 받는 힘의 방향은 엄지손가락의 방향이다. 가운뎃손가락부터 차례로 「전(電)」「자(磁)」「힘」으로 기억하면 된다. 이 규칙성을 플레밍의 왼손 법칙이라 한다.

자력선의 방향과 플레밍의 왼손 법칙

그림과 같이 말굽자석 안에 전류가 지면의 뒤쪽에서 앞쪽으로 향해 흐르는 전선을 놓으면 자력선의 방향은 바로 위의 그림과 같이 된다.

이때 전선의 오른쪽 A점에서는 자석에 의한 자력선과 전류에서 발생하는 자력선이 반대 방향으로 되기 때문에 서로 상쇄하여 자력이 약해지지만, 전선 왼쪽의 B점에서는 같은 방향이므로 자력은 강해진다. 그리고 자력이 강한 쪽에서 약한 쪽으로 힘이 작용하여 플레밍의 왼손 법칙과 같은 결과가 나타난다.

모터에 이용되는 전자력의 구조

모터는 전기 에너지를 운동 에너지로 변환하는 장치다. 모터의 연속적인 회전 구조는 전자력을 이용한다.

직류 전류를 이용하는 직류 모터는 영구자석과 회전자 코일, 정류자, 브러시로 구성되어 있다.

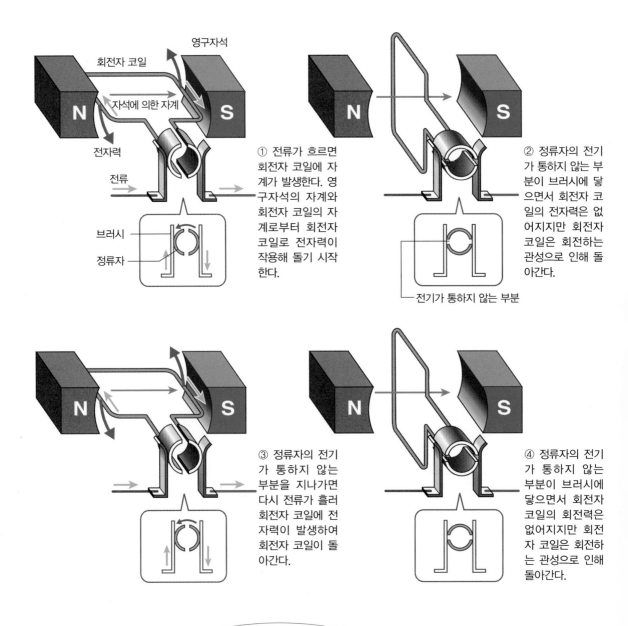

① 전류가 흐르면 회전자 코일에 자계가 발생한다. 영구자석의 자계와 회전자 코일의 자계로부터 회전자 코일로 전자력이 작용해 돌기 시작한다.

② 정류자의 전기가 통하지 않는 부분이 브러시에 닿으면서 회전자 코일의 전자력은 없어지지만 회전자 코일은 회전하는 관성으로 인해 돌아간다.

③ 정류자의 전기가 통하지 않는 부분을 지나가면 다시 전류가 흘러 회전자 코일에 전자력이 발생하여 회전자 코일이 돌아간다.

④ 정류자의 전기가 통하지 않는 부분이 브러시에 닿으면서 회전자 코일의 회전력은 없어지지만 회전자 코일은 회전하는 관성으로 인해 돌아간다.

정류자에 전기가 통하지 않는 부분이 없으면 전류가 흐르는 방향이 반대가 되기 때문에 회전자 코일도 반대 방향으로 회전하려고 하지~

직류 모터(직류 전동기)

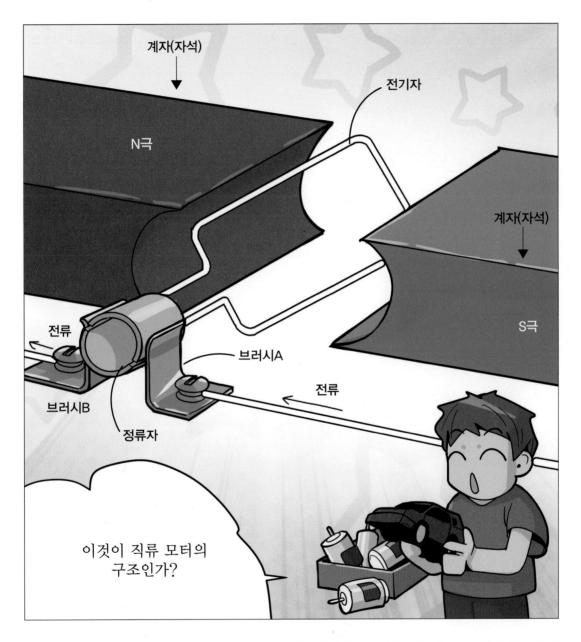

자계를 만드는 **계자(자석)** 사이에 **전기자**라 부르는 회전하는 코일을 배치하고, 코일에 전류가 흐르면 전기자는 자계에서 힘을 받아 회전한다. 그러나 가하는 힘이 언제나 같은 방향이라면 전기자는 1/2을 회전하고 멈추게 된다.

그런데 실제로는 1/2 회전하면 2개로 갈라진 **정류자(코일의 양 끝이 연결)**가 반대의 **브러시(접점)**에 접촉하여 극성을 바꾸고, 상하 반대의 방향으로 힘이 가해진다. 이것을 반복하여 회전이 지속된다.

전자 유도는 어떻게 이루어지는가?

자계와 힘의 조합을 통해 전류를 흐르게 할 수 있다.

🔌 플레밍의 오른손 법칙

자석의 자계 안으로 전류를 흘려 보내면 전자력이 발생하는데 반대로 자계와 힘을 통해 전류를 발생시킬 수 있다. 이것을 **전자 유도 작용**이라고 한다. 자석의 자계 안을 지나가는 도선을 움직임으로써 전류를 흐르게 하는 것이다.

이때 도선을 움직이는 방향, 자계 방향, 전류가 흐르는 방향은 오른손의 중지, 검지, 엄지를 각각 직각으로 교차하듯 펼친 상태로 대응한다. 이것을 **플레밍의 오른손 법칙**이라고 한다.

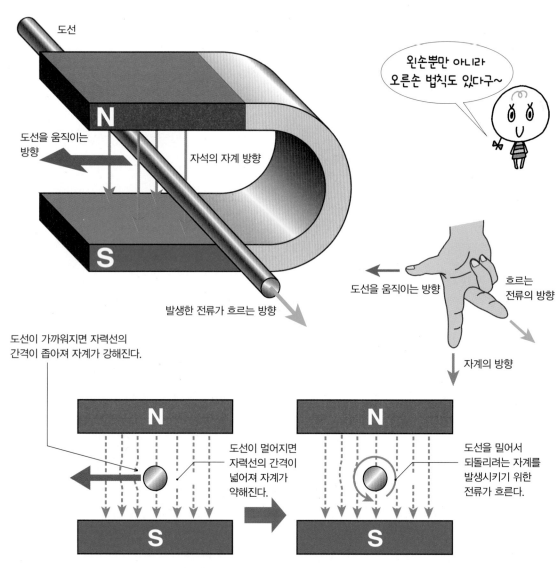

도선

도선을 움직이는 방향

자석의 자계 방향

발생한 전류가 흐르는 방향

왼손뿐만 아니라 오른손 법칙도 있다구~

도선을 움직이는 방향

흐르는 전류의 방향

자계의 방향

도선이 가까워지면 자력선의 간격이 좁아져 자계가 강해진다.

N

S

도선이 멀어지면 자력선의 간격이 넓어져 자계가 약해진다.

N

S

도선을 밀어서 되돌리려는 자계를 발생시키기 위한 전류가 흐른다.

자석의 자계는 N극에서 S극으로 향하므로 그림에서는 위에서 아래가 된다. 그림과 같이 도선을 왼쪽으로 움직이면 도선을 오른쪽으로 밀어 되돌리기 위해 도선의 주변에 시계반대 방향에 자계가 발생하도록 안쪽에서 앞쪽을 향해 전류가 흐른다. (전자 유도 작용)

플레밍의 오른손 법칙

플레밍의 왼손 법칙은 자계 속에 전선을 놓고 전류가 흘렀을 때 전선이 받는 힘의 방향을 나타낸 것이었다. 자계 속에서 전선을 움직였을 경우 전선에 발생하는 유도 전류의 방향도 규칙성이 있는데, 이 관계를 **플레밍의 오른손 법칙**이라고 한다.

즉 오른손의 엄지손가락, 집게손가락, 가운뎃손가락을 각각 직각이 되도록 폈을 때, 자계의 방향이 집게손가락, 전선을 움직이는 방향이 엄지손가락의 방향이라면 발생하는 유도 전류의 방향은 가운뎃손가락 방향이다.

렌츠의 법칙

전자 유도 작용에 의해 흐르는 전류를 **유도 전류**라고 한다. 또한 유도 전류의 기전력을 **유도 기전력**이라고 한다. 유도 전류는 유도 전류에 의해 발생하는 자계가 자석의 자계 변화를 없애는 방향으로 흐른다. 이것을 **렌츠의 법칙**이라고 한다.

자계 안에서 도선을 움직일 때뿐만 아니라 도선을 감은 코일 안으로 자석을 넣었다 빼도 유도 전류가 흐른다. 유도 전류는 자석을 빨리 움직일수록 강해진다. 또한 자석의 자력이 강할수록 코일의 권수가 많을수록 강해진다.

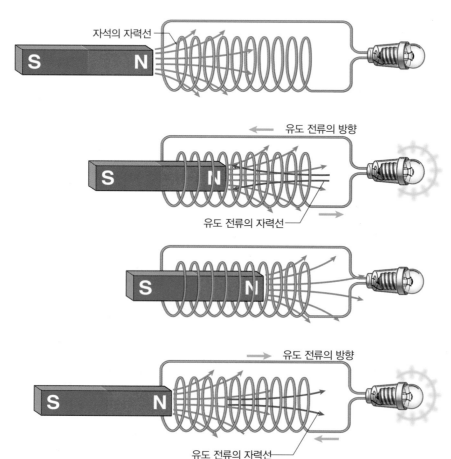

① 자석을 움직이지 않으면 자계가 변화하지 않기 때문에 유도 전류는 발생하지 않는다.

② 자석을 코일 안으로 넣으면 유도 전류가 발생하여 자석의 자계 방향을 없애기 때문에 코일에는 자석과는 반대 방향의 자계를 발생시키는 전류가 흐른다.

③ 자석을 움직이지 않으면 자계가 변화하지 않기 때문에 유도 전류는 발생하지 않는다.

④ 자석을 코일 안에서 꺼내면 유도 전류가 발생하여 자석의 자계가 멀어지기 때문에 코일에는 자석과 같은 방향의 자계를 발생시키는 전류가 흐른다.

유도 전류의 세기

- 자석을 빨리 움직일수록 강하다.
- 자석의 자력이 강할수록 강하다.
- 코일의 권수가 많을수록 강하다.

렌츠의 법칙(유도 전류의 방향)

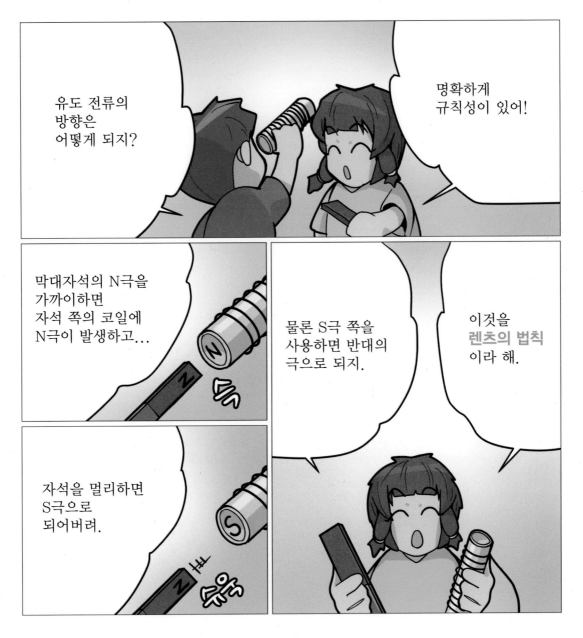

유도 전류의 방향에도 하나의 규칙성이 있다. 코일에 가한 자계의 변화를 방해하는 자계를 만들도록 전류는 흐른다. 예를 들면, 막대자석의 N극을 가까이 하면 막대자석 쪽의 코일에 N극이 발생하도록 전류가 흐르지만 막대자석을 멀리하면 이번에는 막대자석 쪽의 코일에 S극이 나타나도록 전류가 흐른다.

물론 막대자석의 S극 쪽도 코일을 향해 움직이면 그 반대방향의 전류가 흐른다. 이 규칙성을 **렌츠의 법칙**이라고 한다.

페러데이의 전자 유도 법칙

발생하는 유도 전압(또는 유도 전류)의 크기에 다음과 같은 2개의 규칙성이 있다. 그 중 하나는 사용한 막대자석의 자력이 강할수록 큰 전압이 발생하고, 다른 하나는 자석의 이동속도가 빠를수록 역시 큰 전압이 발생한다.

단위 시간에 변화하는 자계의 크기에 대응하여, 발생하는 반대방향의 자계(즉 유도 전압 및 유도 전류)도 커진다. 이 규칙성을 **패러데이의 전자 유도 법칙**이라고 한다.

전지와 콘센트는 어떻게 다른가?

전류에는 직류와 교류 2가지 전류가 있다.

⚡ 전지는 직류

전류가 흐르는 방향과 전압이 일정한 전류를 **직류(直流)**라고 한다. 전지는 전압의 크기와 플러스극·마이너스극이 정해져 있고 같은 방향으로 전류가 흐르기 때문에 직류다. 직류는 줄여서 DC로 표현하는 경우도 있다.

그래프의 세로축에 전압, 가로축에 시간을 배치했을 경우 일직선으로 나타낼 수 있다. 교류를 정류회로(p.186)로 변환한 **맥류(脈流)** (p.187)는 전압이 변화하지만 전류의 흐름 방향이 일정하기 때문에 넓은 의미에서 직류라고 할 수 있다.

직류를 사용한 발광 다이오드

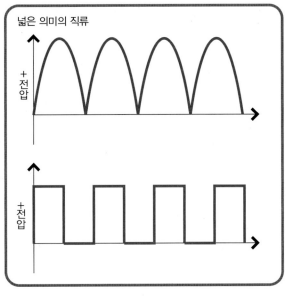

전압의 크기는 바뀌지만 전류가 흐르는 방향은 일정

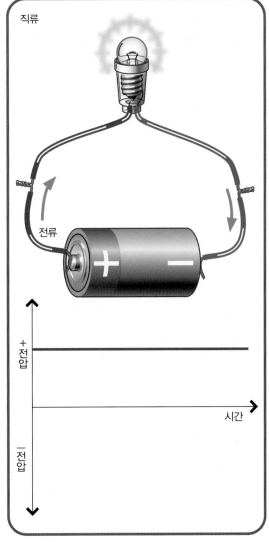

전압의 크기와 전류가 흐르는 방향이 일정

93

⚡ 콘센트는 교류

전류가 흐르는 방향과 전압이 주기적으로 변화하는 전류를 **교류(交流)**라고 한다. 일반 가정의 전원으로 이용하는 콘센트 등은 전압의 크기와 플러스극·마이너스극이 일정한 주기로 바뀌기 때문에 교류이다. 교류는 줄여서 AC로 나타내는 경우도 있다.

그래프의 세로축에 전압, 가로축에 시간을 배치했을 경우 정현파(사인커브)라고 하는 파형을 나타낸다.

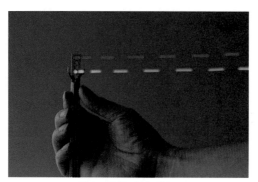

교류를 사용한 발광 다이오드

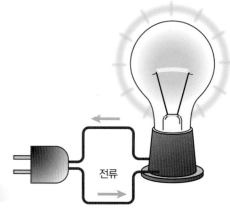

교류

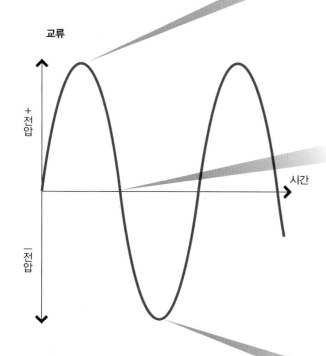

+전압

−전압

시간

전류

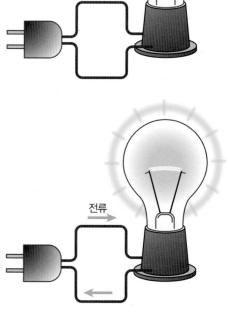

전압의 크기와 흐르는 방향이 주기적으로 바뀐다. 전압이 변화하기 때문에 교류를 흘려 보내면 전구는 눈으로는 알 수 없지만 밝았다 어두어지기를 반복한다. 또한 전류가 흐르는 방향이 바뀌는 순간(플러스극과 마이너스극이 바뀌어 들어가는 순간)에는 전구가 꺼져 있다.

02

우리 주변의 전자제품은 전기 회로로
구성되어 있다. 이 장에서는 전기 회로를
바탕으로 주로 직류를 예로 들면서 중학생부터
고등학생 이상에서 필요한 전압·전류·저항에
대한 지식이나 다양한 법칙 등을 살펴보겠다.

한 방향으로만
흐르는 직류의
전기 회로

실물 배선도와 전기 회로도의 차이는?

전기 회로도는 전기가 지나가는 길을 알기 쉽게 보여줄 수 있다.

⚡ 전기 회로와 전기 회로도

1장에서 살펴보았듯이 건전지와 연결된 꼬마전구는 불이 켜진다. 이것은 전류가 꼬마전구의 필라멘트로 흘러 열이 발생하기 때문이다. 건전지처럼 전기를 공급할 수 있는 바탕을 전원(電源)이라고 하며, 전기가 전달됨으로써 일하는 꼬마전구를 부하(負荷)라고 한다. 이처럼 전류가 돌면서 흐르는 길을 전기 회로라고 한다.

전기 회로를 구성하는 전원이나 꼬마전구 등의 부하를 회로 소자라고 한다. 이 전기 회로를 부품 외관과 도선으로 접속한 그림을 실물 배선도라고 하며, 각 회로 소자를 기호를 사용해 나타낸 그림을 전기 회로도라고 한다.

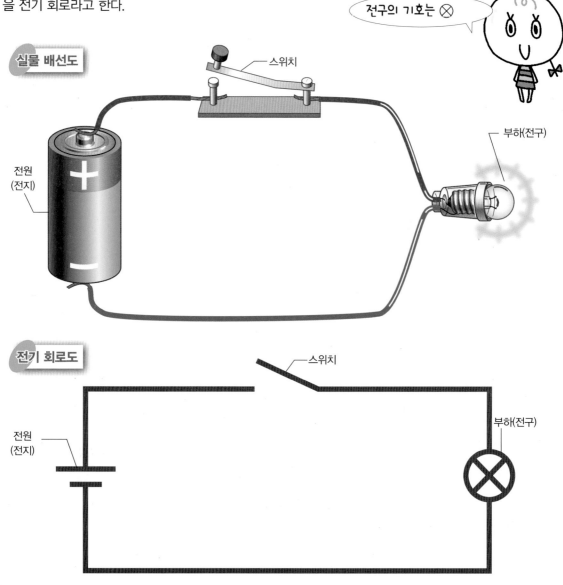

⚡ 전기 회로에 사용하는 기호

꼬마전구와 전원, 스위치만 있는 회로는 단순하기 때문에 실물 배선도로도 알 수 있지만 휴대전화처럼 수 많은 회로 소자로 복잡하게 이루어진 회로는 실물 배선도로 나타내기 어렵다. 이러한 경우는 전기 회로도로 나타내는 것이 알기 쉽다.

아래 기호는 전기 회로도에 사용되는 주요 전기용 그림기호다. 전기용 그림기호는 이 외에도 많다.

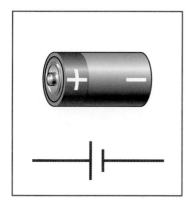

직류 전원

교류 전원

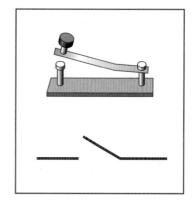

스위치

전류계

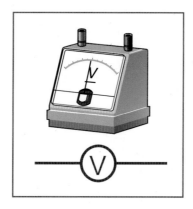

전압계

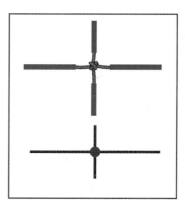

도선의 공유점

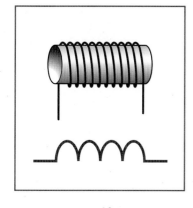

코일

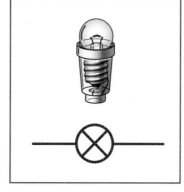

전구

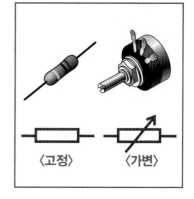

저항기

97

배선도와 회로 기호

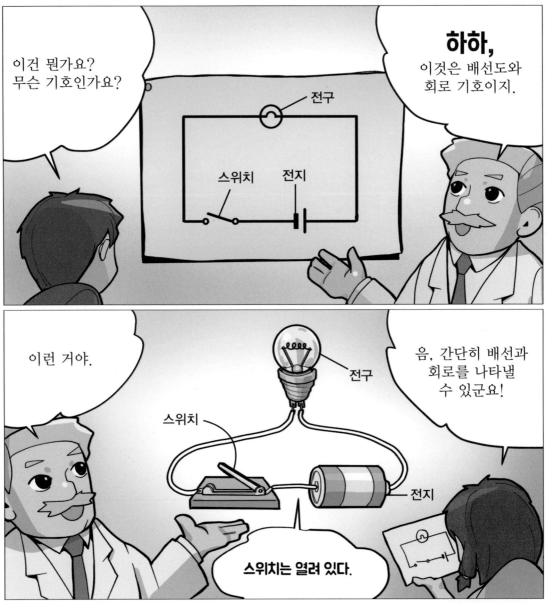

전기의 통로를 **전기 회로** 또는 **회로**라 하며, 회로의 연결을 나타낸 그림을 **회로도** 또는 **배선도**라고 부른다. 회로도에서는 전기 부품은 모두 기호로 표시하며, 건전지, 소형 전구, 스위치는 그림과 같이 표시한다.

또 회로가 복잡하게 되면 회로도의 선이 교차하는 경우가 있는데 교차하는 선이 연결되어 있는 것은 (+)로 나타내고, 연결되지 않고 교차한 것은(+)로 나타낸다.

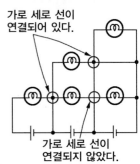

가로 세로 선이 연결되어 있다.

가로 세로 선이 연결되지 않았다.

전류계와 전압계는 어떻게 연결하는가?

전류계는 직렬, 전압계는 병렬로 접속해 사용한다.

⚡ 전류계는 직렬로 접속

전기 회로가 설계한 대로 작동하고 있는지 확인하기 위해서는 전압과 전류의 크기를 측정해보면 된다. 전류의 크기란 1초 동안 도선 안을 통과한 전하의 양을 말한다. 단위는 암페어[A]를 사용한다. 1A=1,000mA이다.

전류의 크기를 측정하는 계기를 전류계라고 한다.

측정 원리는 1821년에 덴마크의 물리·화학자인 엘스테드가 발견한 전류의 자기 작용을 응용한 것이다. 전류계 바늘의 근원(根元)에 있는 코일에 전류가 흐르면 코일이 자석이 되어 바늘이 흔들린다.

전류계에는 직류용과 교류용이 있다. 부하에 대해서는 직렬로 연결한다.

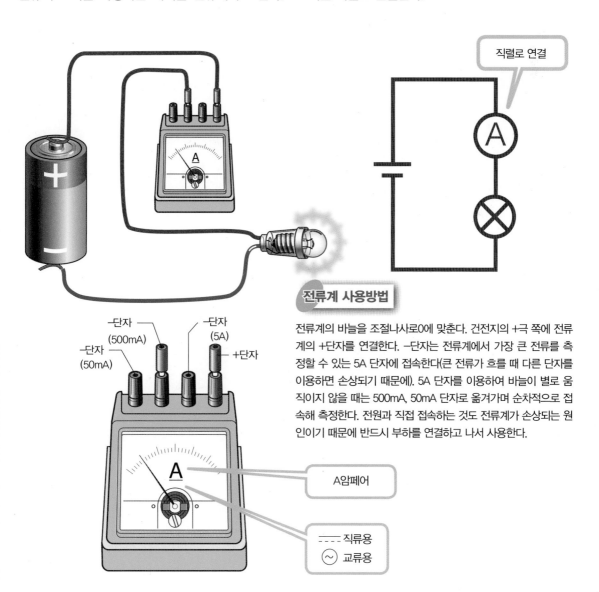

직렬로 연결

전류계 사용방법

전류계의 바늘을 조절나사로 0에 맞춘다. 건전지의 +극 쪽에 전류계의 +단자를 연결한다. −단자는 전류계에서 가장 큰 전류를 측정할 수 있는 5A 단자에 접속한다(큰 전류가 흐를 때 다른 단자를 이용하면 손상되기 때문에). 5A 단자를 이용하여 바늘이 별로 움직이지 않을 때는 500mA, 50mA 단자로 옮겨가며 순차적으로 접속해 측정한다. 전원과 직접 접속하는 것도 전류계가 손상되는 원인이기 때문에 반드시 부하를 연결하고 나서 사용한다.

−단자 (500mA)
−단자 (50mA)
−단자 (5A)
+단자

A암페어

----- 직류용
(~) 교류용

전류계(직류용)

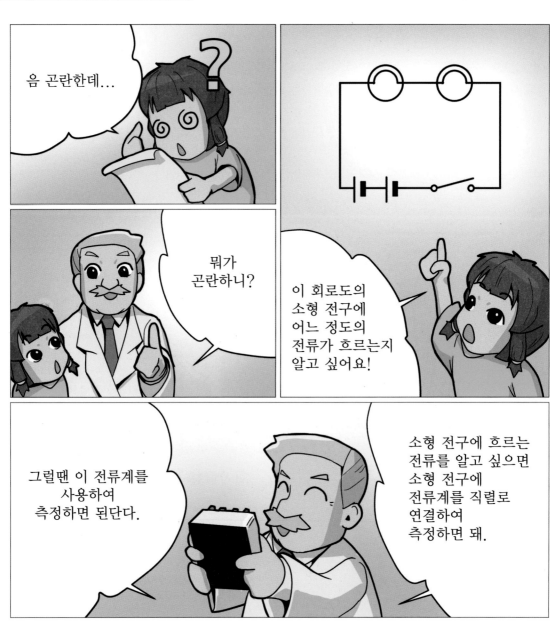

음 곤란한데...

뭐가 곤란하니?

이 회로도의 소형 전구에 어느 정도의 전류가 흐르는지 알고 싶어요!

그럴땐 이 전류계를 사용하여 측정하면 된단다.

소형 전구에 흐르는 전류를 알고 싶으면 소형 전구에 전류계를 직렬로 연결하여 측정하면 돼.

그 회로에 도대체 어느 정도 크기의 전류가 흐르고 있는가를 알아보는 기구가 **전류계**이다. 회로도에서는 Ⓐ로 표시하며, 전지나 소형 전구 등과 직렬로 연결하여 측정한다. 다만, 오른쪽 그림과 같이 3개의 소형 전구가 병렬로 연결되어 있을 경우 가장 아래쪽 소형 전구에 흐르는 전류를 알고 싶다면, 그 소형 전구에 직접 연결된 전선에 전류계를 연결해서 측정 한다.

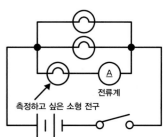

측정하고 싶은 소형 전구

전류계

전류계(직류용)의 구조

아하~!
이것이 전류계이군!

50mA 5mA 5A +DC

A

전류계의
(−)단자와
전지의 (+)극을
연결하니,
전류계의 바늘이
반대로
움직이는구나!

전류계(직류용)

　전류계는 자석과 코일을 사용하며, 코일에 흐르는 전류량에 비례한 자계로 바늘이 움직인다. 이 때문에 바늘이 반대로 움직이지 않도록 전류계의 (+)단자와 전지의 (+)극, 전류계의 (−)단자와 전지의 (−)극을 정확하게 연결해야 한다.

　전류계는 50mA 또는 5A 등 측정하는 범위(range)가 있으므로 레인지가 너무 커서 작은 수치를 측정할 수 없거나 반대로 레인지가 너무 작아서 계기의 고장(전류가 너무 많이 흐른다)이 발생되지 않도록 적절한 레인지를 선택하여 측정해야 한다.

⚡ 전압계는 병렬로 연결

전류는 전기 회로의 전위차 때문에 흐른다. 이 전위차를 전압이라고 하며, 단위는 볼트[V]로 표시한다. 전압은 전압계를 사용해 측정할 수 있다. 측정하려는 2개 점 사이에 병렬로 접속한다. 전압계를 직렬로 접속하면 전류가 회로로 흐르지 못한다. 이유는 전압계에 큰 저항이 들어가 있기 때문이다. 전압계는 전류와 저항으로부터 전압을 이끌어낸다.

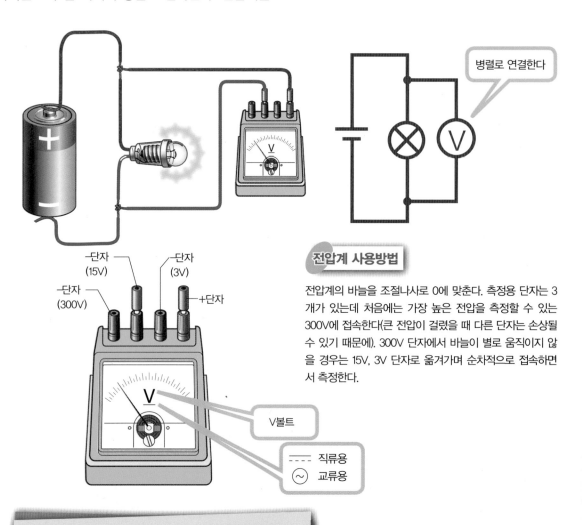

병렬로 연결한다

단자 (300V)
단자 (15V)
단자 (3V)
+단자

V볼트

----- 직류용
⊙ 교류용

전압계 사용방법

전압계의 바늘을 조절나사로 0에 맞춘다. 측정용 단자는 3개가 있는데 처음에는 가장 높은 전압을 측정할 수 있는 300V에 접속한다(큰 전압이 걸렸을 때 다른 단자는 손상될 수 있기 때문에). 300V 단자에서 바늘이 별로 움직이지 않을 경우는 15V, 3V 단자로 옮겨가며 순차적으로 접속하면서 측정한다.

테스터(회로계)

테스터는 직류 전류, 교류 전압, 직류 전압, 저항값 등을 측정할 수 있다. 또한 단선 유무에 대한 판단도 가능하다. 테스터안에는 자계 안에 코일이 배치되어 있다. 그래서 전류가 흘렀을 때 발생하는 전자력을 이용해 측정한다.

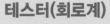

전류계와 전압계를 사용해 전류나 전압을 측정해보자~

전압계(직류용)

건전지의 전압이나 소형 전구에 공급되는 전압을 측정하는 기구를 **전압계**라 한다. 회로도에서는 Ⓥ로 표시하며, 오른쪽 그림과 같이 측정할 부분에 병렬로 연결하여 사용한다.

연결 방법은 전압계의 (+)단자를 측정할 부분의 (+)쪽에 연결하고, (−)단자를 (−)쪽에 연결한다. 또 전압계도 전류계와 마찬가지로 측정 범위가 있어 레인지를 측정하는 전압에 맞도록 선택하여 측정한다.

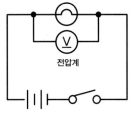

전압계(직류용)의 구조

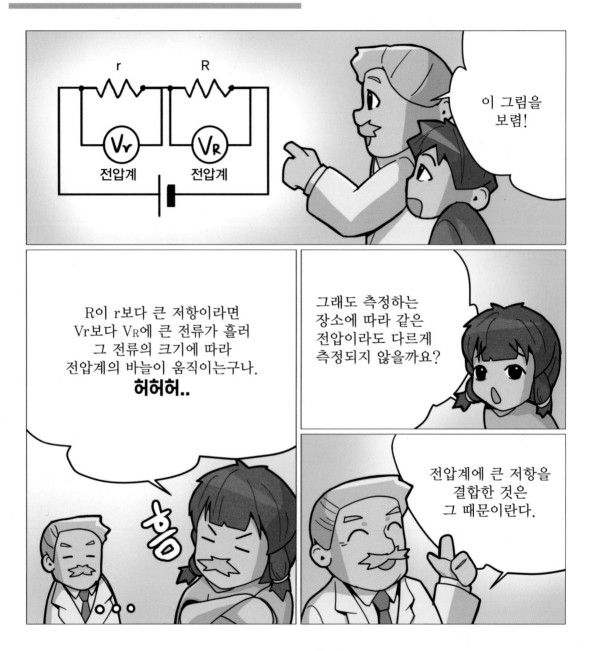

전압계도 전류계와 같이 자석과 코일을 사용하며, 코일에 흐르는 전류량에 비례한 자계에 의해 바늘이 움직인다. 전압계를 측정할 장소에 병렬로 연결하면 저항의 변화에 따라 코일의 전류가 비례하여 변하므로 측정하는 전압값에도 비례한다.

다만, 전압계를 연결함으로써 측정하는 회로의 저항으로 전류가 크게 변화된다면 전압의 측정도 어렵다. 그래서 전압계에 큰 저항을 결합하여 어떤 회로에 연결해도 같은 전압이라면 측정 장소의 전류 값이 거의 변하지 않도록 한다.

직렬과 병렬 회로에서의 전류는?

⚡ 저항의 연결 방법

금속 등의 도체에 전류의 흐름을 어렵게 하는 것을 전기 저항 또는 단순히 저항이라고 한다. 단위는 옴[Ω]으로 나타낸다. 1V의 전압을 걸었을 때 1A의 전류가 흐르는 저항은 1Ω이다.

꼬마전구도 저항의 일종으로 2개 이상의 저항을 일렬로 접속하는 전기 회로를 직렬 저항 회로라고 하며(단순히 직렬 회로라고도 한다), 병렬로 접속하는 회로를 병렬 저항 회로라고 한다(병렬 회로라고도 한다).

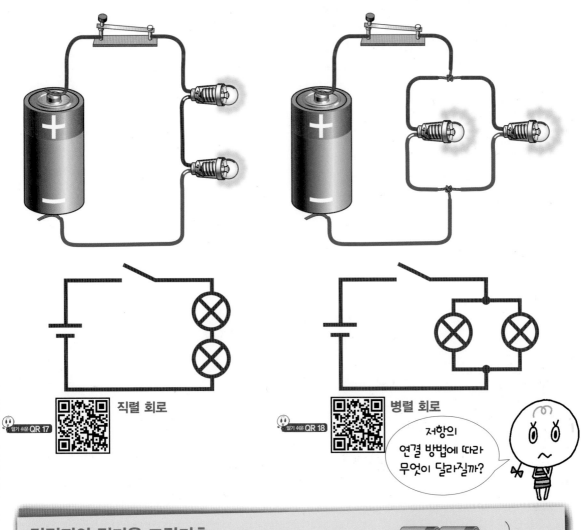

알기 쉬운 QR 17　직렬 회로

알기 쉬운 QR 18　병렬 회로

저항의 연결 방법에 따라 무엇이 달라질까?

건전지의 전기용 그림기호

건전지 여러 개를 접속해 전원으로 사용할 경우 그 전기용 그림기호(회로기호)는 몇 개를 접속했을 경우라도 긴 선과 짧은 선으로 표시한다. 긴 선은 플러스극, 짧은 선은 마이너스극을 나타낸다. 또한 건전지를 병렬로 연결한 경우라도 같은 기호로 나타낸다.

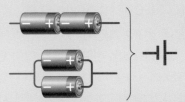

소형 전구의 직렬 연결

2개 이상의 소형 전구를 하나의 전기 흐름으로 연결하는 방법을 **소형 전구의 직렬 연결**이라고 한다. 어느 부분의 전선이 끊어지거나 또 어느 하나의 전구에서 필라멘트가 끊어져도 전기의 흐름이 멈추어 모든 전구는 꺼진다.

그리고 소형 전구의 수를 많이 연결하면 연결 할수록 전구의 밝기는 약해지고, 너무 많이 연결하면 결국에는 빛이 발생되지 않는다. 이것은 전구가 많아질수록 **저항**이 커져 흐르는 전기의 양이 점점 줄어들기 때문이다. 저항은 뒤에서 자세히 살펴보기로 한다.

소형 전구의 병렬 접속

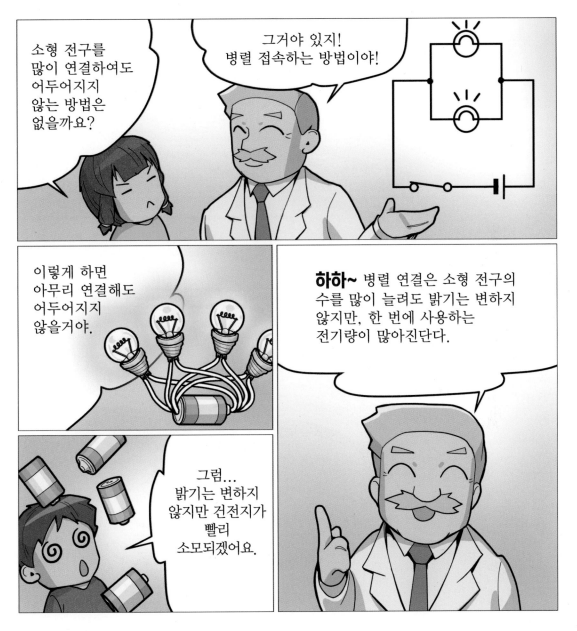

전기의 흐름이 갈라져 각각의 소형 전구로 흐르도록 연결하는 방법을 **소형 전구의 병렬 연결**이라고 한다. 갈라진 회로는 각각 독립되어 있으므로 하나의 전구가 끊어져도 다른 전구는 불이 켜진 상태가 유지된다.

또 직렬 연결에서는 소형 전구를 많이 연결하면 어두워졌지만, 병렬 연결에서는 아무리 연결해도 1개당 밝기는 변하지 않는다. 다만, 많은 전구를 연결할 경우 한 번에 사용되는 전기량이 많아지므로 건전지의 소모는 빨라진다.

⚡ 직렬 회로와 병렬 회로의 전류

꼬마전구 등과 같이 회로의 저항이 되는 것을 직렬로 접속한 회로와 병렬로 접속한 회로에서는 전류의 크기가 달라진다.

직렬 회로에 흐르는 전류는 어떤 지점에서도 전류의 크기는 동일하다. 병렬 회로에 흐르는 전류는 도선이 갈라지기 전의 전류 크기와 도선이 합류한 후의 전류 크기가 동일하다. 또한 갈라진 전류의 합은 갈라지기 전이나 합류한 후의 전류 크기와 동일하다.

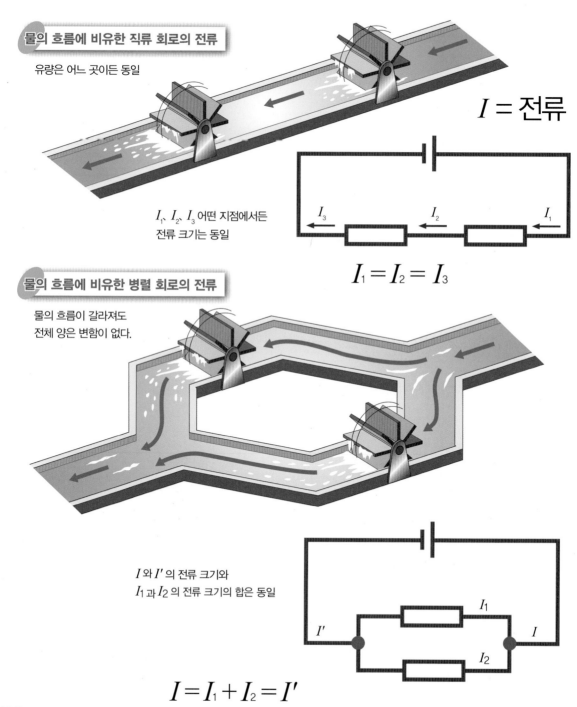

물의 흐름에 비유한 직류 회로의 전류

유량은 어느 곳이든 동일

I_1、I_2、I_3 어떤 지점에서든
전류 크기는 동일

$$I = 전류$$

$$I_1 = I_2 = I_3$$

물의 흐름에 비유한 병렬 회로의 전류

물의 흐름이 갈라져도
전체 양은 변함이 없다.

I와 I'의 전류 크기와
I_1과 I_2의 전류 크기의 합은 동일

$$I = I_1 + I_2 = I'$$

건전지의 직렬 연결

그림과 같이 3개의 건전지를 직렬로 연결하면 마치 한 사람을 뒤에서 두 사람이 미는 모양이 된다. 전기를 미는 힘(전압이라 한다)은 3배가 되며, 같은 회로라면 한 번에 흐르는 전기의 양(전류라 한다) 도 3배가 되어 건전지가 1개일 때보다 소형 전구의 불빛이 더 밝다.

다만, 소형 전구의 직렬 연결과 마찬가지로 전지 홀더를 사용하고 있는 경우는 건전지 하나만 떼어 내도 회로는 연결되지 않아 소형 전구의 불이 꺼진다.

건전지의 병렬 연결

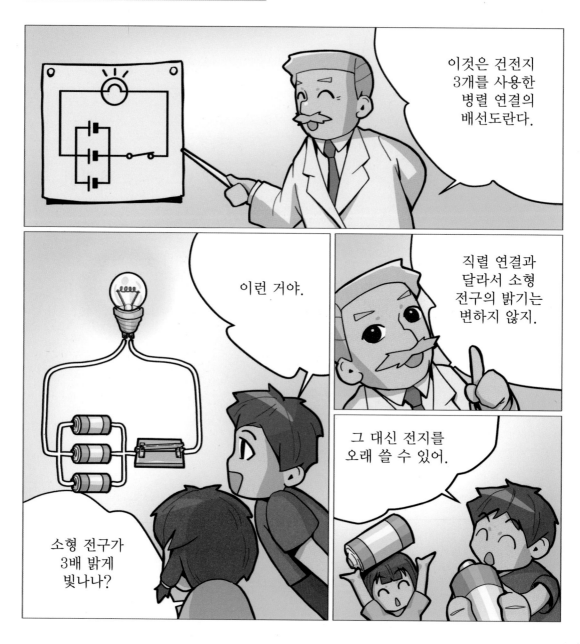

이것은 건전지 3개를 사용한 병렬 연결의 배선도란다.

이런 거야.

직렬 연결과 달라서 소형 전구의 밝기는 변하지 않지.

그 대신 전지를 오래 쓸 수 있어.

소형 전구가 3배 밝게 빛나나?

　여러 개의 건전지 (+)극과 (+)극을 연결하고, (−)극과 (−)극을 연결하여 회로를 구성하는 방법을 **건전지의 병렬 연결**이라고 한다. 직렬 연결과는 달리 전기를 미는 힘(전압)이 변하지 않으므로 흐르는 전기의 양(전류)도 변화가 없어 소형 전구의 밝기는 변화하지 않는다.

　그렇지만 건전지가 1개일 때와 같은 전기의 양을 여러 개의 건전지로 분담하므로 그만큼 수명이 길어진다. 건전지를 연결하는 회로가 각각 독립되어 있어 1개의 건전지를 빼내도 소형 전구는 꺼지지 않는다. 그러나 1개를 빼내면 그만큼 수명이 짧아진다.

직렬과 병렬 회로에서의 전압은?

저항의 연결 방법에 따라 전압 높이는 달라진다.

⚡ 직렬 회로와 병렬 회로의 전압

저항을 직렬로 접속한 회로와 병렬로 접속한 회로에서는 전압의 연관성이 달라진다.

직렬 회로에서는 각 저항에 걸리는 전압의 합이 전원의 전압과 똑같다. 병렬 회로에서는 모든 저항에 걸리는 전압과 전원의 전압이 동일하다.

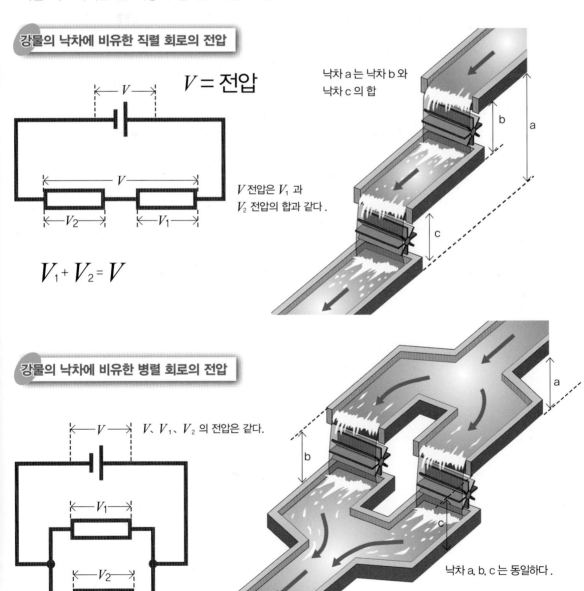

강물의 낙차에 비유한 직렬 회로의 전압

$V = $ 전압

V 전압은 V_1 과 V_2 전압의 합과 같다.

$$V_1 + V_2 = V$$

낙차 a는 낙차 b와 낙차 c 의 합

강물의 낙차에 비유한 병렬 회로의 전압

V、V_1、V_2 의 전압은 같다.

낙차 a, b, c 는 동일하다.

$$V_1 = V_2 = V$$

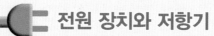

전원 장치와 저항기

전기 회로에 사용하는 회로 소자 안에서 가장 기본적인 것이 전압을 자유롭게 바꿀 수 있는 전원 장치와 저항을 자유롭게 바꿀 수 있는 저항기 (가변 저항기라고 한다)이다.

✎ 전원 장치

전원 장치는 전압을 높이거나 낮출 수 있다. 또한 안정적인 전압을 출력할 수도 있다.

전원 장치 안에는 직류와 교류를 전환할 수 있는 것도 있다.

전원 장치

✎ 저항기

전기 회로 안에서 부하(저항)가 되는 것은 전기 에너지를 빛 에너지로 변환하는 꼬마전구 외에도 저항기가 있다. 저항기는 회로의 전압을 제한하거나 분압(分壓) 하기 위해 이용한다. 저항기에는 저항의 크기를 자유롭게 바꿀 수 있는 가변 저항기도 있다.

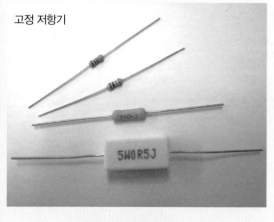

고정 저항기

가변 저항기

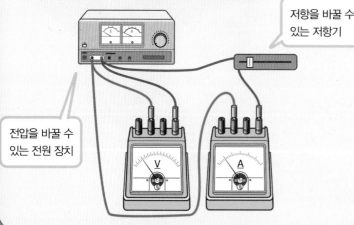

전압을 바꿀 수 있는 전원 장치

저항을 바꿀 수 있는 저항기

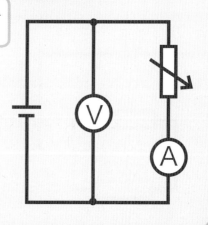

전압의 총계

건전지를 1개보다 2개를 직렬로 연결한 경우가 더 밝아지는 것은 2개로 하면 더 큰 전압이 공급되어 큰 전류가 흐르기 때문이야.

2개는 3V, 3개는 4.5V, 4개는 6V!!

건전지를 직렬로 연결한다. 10만 개라면 15만V...

하지만 병렬로 연결하면 10만 개라도 1.5V이지.

　건전지가 1개일 때보다 2개를 직렬로 연결한 경우, 소형 전구가 밝다는 것은 건전지가 2개일 경우가 더 높은 전압을 공급하여 큰 전류가 흐르기 때문이다.

　그리고 직렬로 연결한 경우, 전압의 변화는 건전지가 2개인 경우 3V, 3개인 경우 4.5V, 4개인 경우는 6V로 덧셈이 된다. 한편, 병렬로 연결한 경우는 여러 개를 연결하여도 1.5V로 변화하지 않지만, 건전지의 수명은 그만큼 길어진다.

전류의 총계

   모든 저항을 병렬로 연결한 회로에 전류가 흐르면 전류의 크기는 각각의 저항이 아니라 모든 저항의 합계에 따라(반비례하여) 결정되므로 회로의 어느 부분에도 같은 크기의 전류가 흐른다.

   또 회로가 도중에 여러 개로 갈라져도 그 후에 1개로 합치면 전류 값은 다시 같아진다. 즉, 회로가 도중에 3개로 갈라졌다면 갈라진 3개 각각의 회로에 흐르는 전류의 합계는 그 후 1개로 합친 회로의 전류값과 같다.

전압을 인가하는 방법

건전지 2개를 직렬로 연결하여 3V의 전압을 소형 전구 3개를 직렬로 연결한 회로에 인가해 보면 전압은 어떻게 되어 있을까? 시험 삼아 하나의 소형 전구 양 끝에 전압계를 연결하니 **1V**가 나타났다.

소형 전구는 회로의 저항이라고 할 수 있으며, 그 3개의 저항값 R이 같으면(전류 I의 크기도 같다), 소형 전구에 인가되어 있는 전압은 옴의 법칙(I×R)에서 모두 같다.

즉 3V 전체의 1/3이므로 「1V」가 된다.

전압·전류·저항은 어떤 관계인가?

전기 회로는 옴의 법칙으로 이루어져 있다.

⚡ 옴의 법칙

전원과 저항을 접속한 전기 회로에서 저항 R이 일정할 때 전압 E를 높이면 전류 I도 커진다. 또한 전압 E가 일정할 때 저항 R을 크게 하면 전류 I는 작아진다. 즉, 전기 회로에 흐르는 전류 I는 전압 E에 비례하고 저항 R에 반비례한다.

이 법칙을 **옴의 법칙**이라고 하며, 1826년 독일의 물리학자 조지 시몬 옴이 발견했다. 옴의 법칙은 전기 회로의 기본적인 법칙이다.

전기 회로에서는 약어를 사용하는 경우가 많다. 전류는 I, 전압은 E 또는 저항은 R로 표시한다.

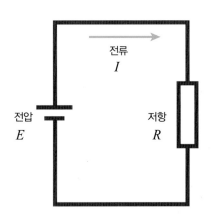

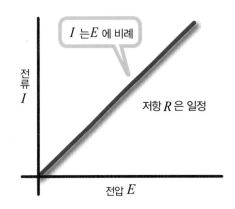

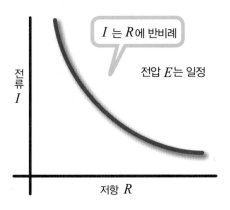

$$I = \frac{E}{R} \qquad E = IR \qquad R = \frac{E}{I} \quad \cdots\cdots \text{ 옴의 법칙}$$

옴의 법칙

전압이 같을 경우 회로 저항이 2배로 되면 흐르는 전류는 1/2이 된다. 즉, 50개의 장애물을 놓고 500개의 볼을 굴렸을 때 무사히 통과한 볼이 10개라면, 100개의 장애물을 놓으면 이번에는 5개밖에 통과하지 않는다.

이것은 전압을 E, 저항을 R, 전류를 I로 하면 E=R×I가 되며, 이 관계식을 **옴의 법칙**이라 한다. 또 옴의 법칙을 변형시키면, $R = \dfrac{E}{I}$ 로 되며, R는 세로축에 전압, 가로축에 전류를 표시한 그래프의 직선 경사를 나타낸다. 이 경사가 완만할수록 전기는 흐르기 쉽다.

⚡ 전원의 전압과 저항의 전압

회로에 전류를 공급하는 전원의 전압을 기전력이라고 한다. 기전력에 의해 회로에 흐른 전류가 저항에 부딪쳤을 때 저항에는 전류×저항의 전압이 걸리게 된다(옴의 법칙). 이 저항에 생기는 전압을 **전압 강하**라고 한다.

전원에 저항을 하나만 연결한 간단한 회로에서는, 전원의 전압(기전력)과 저항에 걸리는 전압(전압 강하)이 똑같다.

실은 회로의 도선도 저항이 있다. 굵은 도선 쪽이 저항은 작긴 하지만 매우 작은 저항이므로 일반적으로 도선의 저항은 0으로 취급한다.

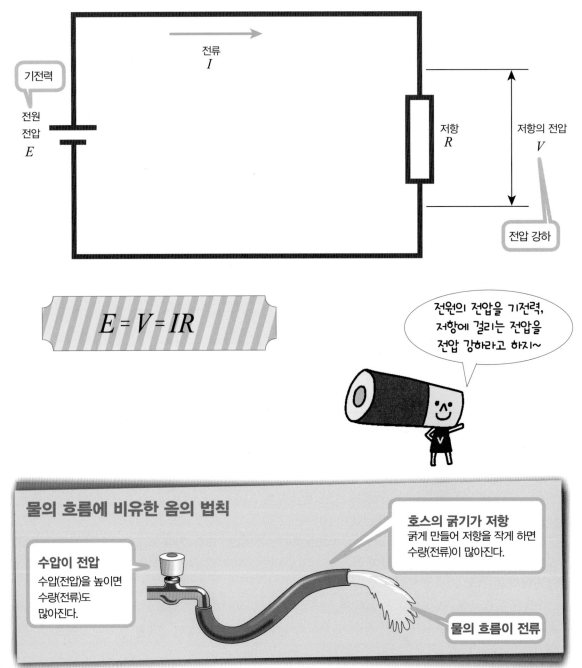

$$E = V = IR$$

전원의 전압을 기전력, 저항에 걸리는 전압을 전압 강하라고 하지~

물의 흐름에 비유한 옴의 법칙

호스의 굵기가 저항
굵게 만들어 저항을 작게 하면 수량(전류)이 많아진다.

수압이 전압
수압(전압)을 높이면 수량(전류)도 많아진다.

물의 흐름이 전류

전류

　전기가 흐르고 있는지 여부는 소형 전구가 켜지는 것으로 알 수 있다. 그리고 그 소형 전구가 매우 밝으면 큰 전류가 흐르고, 어두우면 작은 전류가 흐른다. 전류의 크기를 나타내는 단위를 암페어(A)라고 한다.

　1A는 그 전류가 영향을 미치는 길이에 대한 힘으로 결정되며, 전압, 저항 등 여러 가지 전기적 단위의 기본이 되고 있다. 1A의 1,000배가 1kA, 1,000분의 1이 1mA, 백만분의 1이 1μA이며, 가정의 100W(200V)전구 2개를 키면 집 안에는 1A의 전류가 흐르고 있는 것이다.

전하(電荷)

　전기라는 용어에는 물질(뒤에 전자에서 설명한다)의 뜻과 전기적인 힘이라는 뜻의 2가지가 있는데, **전하**는 전기적인 힘을 나타내는 용어이다.

　즉, 전하는 치수나 무게, 개수(個數)가 아니라 전기적으로 끌어당기거나 밀리하는 힘이 얼마나 있는지 나타내는 것으로 전하가 크면 그만큼 힘도 크다. 다만, 전하가 영향을 미치는 힘은 전하에서 멀어지면 멀어질수록 작아진다. 단위는 쿨롱(C)이며, 1A의 전류가 1초 동안에 운반되는 전하량을 1쿨롱이라고 한다.

전압

소형 전구는 가느다란 전선에 큰 전기가 흐르므로 열을 발생하여 빛을 낸다

수위차

전지

펌프

그렇구나!!
물의 흐름이 전류이고
수위차가 전압이군.

전기의 흐름을 물에 비유한 모델은 위와 같다. **물의 흐름**(단위 시간 동안 흐르는 물의 양)이 전류이고, **수위차(전위차)**가 **전압**, 통로의 기울기가 뒤에 설명하는 저항, 수위차가 크고 기울기가 급하면(저항이 작음) 그만큼 물의 흐름(전류)도 세차다.

단위는 V(볼트)로 나타내며, 1A의 전류가 흐르는 회로에서 매초 1J(줄)의 전기에너지를 발생하는 전압을 1V라고 한다. 1V의 천배가 1kV, 1천분의 1이 1mV, 백만분의 1이 μV이다. 그리고 1J이란 1뉴턴(약 10분의 1kg중)의 힘으로 물체를 1m 이동시켰을 때의 일량이다.

저항(전기 저항)

전기는 금속 등의 내부를 여기저기 부딪치며, 밀어 헤치고 나아간다. 이 부딪치는 양이나 횟수가 많을수록 전기는 흐르기 어려워지지만, 그 전기의 흐름에 어려움을 나타낸 것이 저항(혹은 전기저항) 값이다. 회로도에서는 ─WW─기호로 나타낸다.

단위는 Ω(옴)이며, 1A의 전류를 흐르게 할 때 1V의 전압이 필요한 회로의 저항값을 1Ω이라고 한다. 저항분의 1(저항의 역수(逆數))이 중요한 역할을 하게 되는데, 이 숫자는 저항과 반대 역할이라는 뜻에서 **전기 전도도(轉導度)**라고도 한다.

여러 가지 저항

일정한 범위에서 저항값을
바꿀 수 있는 저항기가 있고
그 저항기에는 **미끄럼형**과
다이얼형 등이 있단다.

저항기의
원리는 이렇대!!

직렬 미끄럼 저항기

A

B   2개 직렬 미끄럼 저항기

 저항기(紙抗器) 또는 저항 부품에는 하나의 저항값만 있는 고정 저항 외에도 일정한 범위에서 저항값을 바꿀 수 있는 여러 가지 저항기가 있다.
 예를 들면, 접점의 위치를 좌우로 움직여 도선의 길이를 변화시키는 **미끄럼 저항기**와 손잡이를 돌려서 도선의 길이를 바꾸는 **미끄럼 선형(線形)**, **다이얼형** 등이 있으며, 이것들은 모두 회로도에서 ⌁ 또는 ⌁로 표시한다. 이들 저항기의 사용법을 예를 들면,「2개의 직렬 미끄럼 저항기」에서는 A단자와 B단자에 회로를 연결하여 상하 2개의 접점을 각각 좌우로 움직여 저항값을 바꾼다.

저항값의 구분 방법

저항 부품은 모양이 같아도 저항값이 전혀 다른 경우가 있다. 이 때문에 만일 잘못 사용하면 뜻하지 않게 되는 경우가 있다. 그런데, 저항 부품의 굵기는 대부분 색연필의 심 정도이므로, 여기에 여러 가지 문자를 써 넣는 것은 어렵다.

그래서 저항값을 **컬러 선**으로 나타낸다. 끝에 가까운 쪽에서 2개의 선이 유효 숫자이고, 세 번째가 그 뒤에 오는 0의 수, 네 번째가 허용차(%)이므로 예를 들면, 첫 번째 선부터 황색, 밤색, 갈색, 적색으로 되어 있다면 그 저항값은 470Ω이고 허용차는 ±2%가 된다.

이것은 저항이 470Ω 이고 허용차는 ±2%이란다.

거긴 문자는 기입되어 있지 않고 여러 가지 색의 선이 표시되어 있는데 어떻게 아세요?

색 연필의 심 정도의 굵기 밖에 안되는 것에 문자를 기록하는 것은 어렵고 읽는 것도 그렇고...

그래서 아래 그림과 같이 컬러선으로 저항값을 표시하지. 약속이란다.

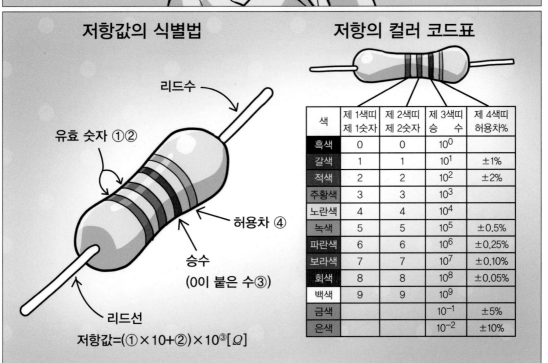

저항값의 식별법

리드수

유효 숫자 ①②

허용차 ④

승수
(0이 붙은 수③)

리드선

저항값 = (①×10+②)×10³[Ω]

저항의 컬러 코드표

색	제 1색띠 제 1숫자	제 2색띠 제 2숫자	제 3색띠 승 수	제 4색띠 허용차%
흑색	0	0	10^0	
갈색	1	1	10^1	±1%
적색	2	2	10^2	±2%
주황색	3	3	10^3	
노란색	4	4	10^4	
녹색	5	5	10^5	±0.5%
파란색	6	6	10^6	±0.25%
보라색	7	7	10^7	±0.10%
회색	8	8	10^8	±0.05%
백색	9	9	10^9	
금색			10^{-1}	±5%
은색			10^{-2}	±10%

직렬 회로의 합성 저항은?

직렬로 접속된 저항의 합성 저항은 각 저항값의 합으로 구한다.

⚡ 직렬 저항 회로의 합성 저항

R_1과 R_2 2개의 저항이 회로에 있을 경우 이 2개의 저항을 합친 것을 **합성 저항**이라고 한다. 2개의 저항이 직렬로 접속되어 있을 때 전기 회로를 흐르는 전류 I 는 일정하지만 2개의 저항에 걸리는 전압은 다르다. 옴의 법칙에 의해 각각 $V_1=R_1 \times I$, $V_2=R_2 \times I$ 가 된다.

전원 전압 E는 V_1과 V_2의 합이므로 $E=V_1+V_2=IR_1+IR_2$가 된다. IR_1+IR_2는 $I(R_1+R_2)$로 바꿀 수 있으므로 $E=I(R_1+R_2)$로 나타낼 수 있다. 이 식으로 부터 2개의 저항을 직렬로 접속한 경우 합성 저항 (R_0) 은 각 저항값의 합이 된다.

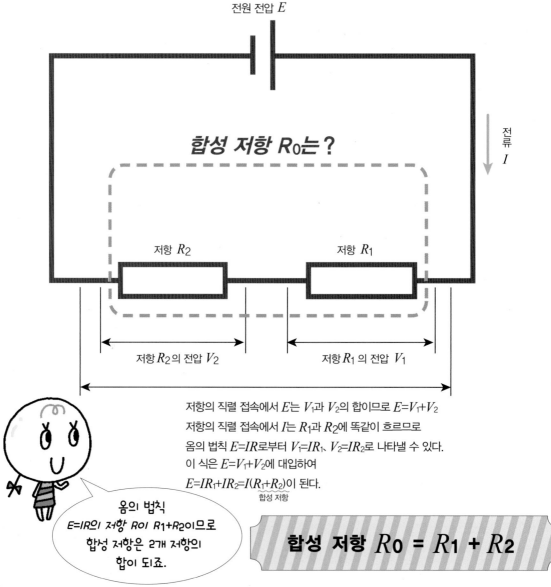

전원 전압 E

합성 저항 R_0는?

전류 I

저항 R_2　　　　　　　저항 R_1

저항 R_2의 전압 V_2　　　　저항 R_1 의 전압 V_1

저항의 직렬 접속에서 E는 V_1과 V_2의 합이므로 $E=V_1+V_2$
저항의 직렬 접속에서 I는 R_1과 R_2에 똑같이 흐르므로
옴의 법칙 $E=IR$로부터 $V_1=IR_1$, $V_2=IR_2$로 나타낼 수 있다.
이 식은 $E=V_1+V_2$에 대입하여
$E=IR_1+IR_2=I(R_1+R_2)$이 된다.
합성 저항

옴의 법칙
$E=IR$의 저항 R이 R_1+R_2이므로
합성 저항은 2개 저항의
합이 되죠.

합성 저항 $R_0 = R_1 + R_2$

⚡ 전압 강하

합성 저항 R_0과 전원 전압 E를 알면 전압 강하를 구할 수 있다. $E=10[V]$, $R_1=7[\Omega]$, $R_2=3[\Omega]$일 때 합성 저항 R_0는 R_1+R_2이므로 $7[\Omega]+3[\Omega]=10[\Omega]$이다. 이 전기 회로에 흐르는 전류 I는 $I=\dfrac{E}{R}$로 부터 $10[V] \div 10[\Omega]=1[A]$가 된다.

R_1과 R_2의 전압 강하는 $E=IR$ 는 $V_1=7[\Omega] \times 1[A]=7[V]$, $V_2=3[\Omega] \times 1[A]=3[V]$가 된다. 직렬 회로에서는 전압이 저항마다 떨어지므로 저항에 걸리는 전압을 전압 강하라고 부르는 것이다.

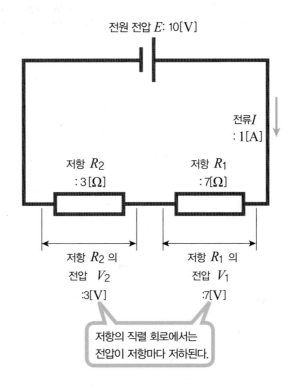

전원 전압 E: 10[V]

전류I : 1[A]

저항 R_2 : 3[Ω] 저항 R_1 : 7[Ω]

저항 R_2 의 전압 V_2 :3[V] 저항 R_1 의 전압 V_1 :7[V]

저항의 직렬 회로에서는 전압이 저항마다 저하된다.

⚡ 분압

전기 회로에서는 저항의 직렬 접속을 이용해 전압을 나눈다. 이것을 **분압(分壓)**이라고 한다. 2개의 저항 R_1과 R_2가 직렬로 접속되어 있을 때 각 저항에 걸리는 전압(전압 강하) V_1과 V_2를 구하는 공식은

$$V_1=V_0\frac{R_1}{R_1+R_2}, V_2=V_0\frac{R_2}{R_1+R_2}$$이다.

이것은 **구하려는 전압=전원의 전압×전압을 구하려는 지점의 저항 ÷ 합성 저항**으로 바꾸어 말할 수 있다. 즉, 각 저항에 걸리는 전압은 그 저항의 크기에 비례해 분압된다.

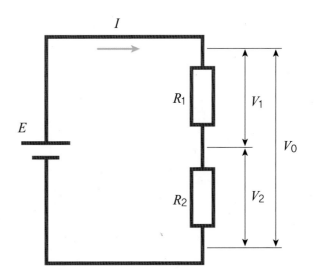

I

E

R_1 V_1

V_0

R_2 V_2

분압의 공식

$$V_1 = V_0 \frac{R_1}{R_1+R_2} \qquad V_2 = V_0 \frac{R_2}{R_1+R_2}$$

저항의 직렬 연결과 합성 저항값

자~

저항의 직렬 연결과
합성 저항값을
설명할게!
이 그림을 보렴.

그림과 같이 회로에 2개의 저항
(R_1과 R_2)을 직렬로 연결했을 때,
2개의 합성 저항값을 R로 하면 전
류는 어디나 같으므로...

$$E = I \times R = I \times R_1 + I \times R_2$$

이런 식이
성립하지!

이 식을 전부 전류값 I로
나누면, $E/I = R_1 + R_2$로
되어, R/I란 즉 R이므로
R_1과 R_2를 더한 것이
합성 저항값이 되는 거야.

합성 저항값

위의 그림과 같이 2개의 저항(R_1과 R_2)을 직렬로 접속하면 전류의 크기는 어느 부분에서도 같으므
로, 2개를 합한 저항값(합성 저항값)을 R이라고 한다면 $E = I \times R = I \times R_1 + I \times R_2$라는 식이 성립된
다. 이 식의 전체를 전류값 I로 나누면

$$\frac{E}{I} = R = R_1 + R_2$$

로 R_1과 R_2를 더한 것이 합성 저항 R이 된다. 저항의 수가 몇 개가 되어도 모두 직렬로 접속되어 있
는 한 합성 저항값은 각각의 저항값을 더한 것이 된다.

전기와 관련된 학자②

앙페르 (1775~1836)

프랑스의 물리학자·수학자. 전기자기학의 창시자 중 한 명. 프랑스 리옹시에서 태어나 유소년 시절부터 수학을 잘했다.

1820년 엘스 테드가 발견한 자기와 전기의 밀접한 관계를 다룬 논문을 읽고 나서 전기와 자기시험을 했다. 2개의 도선에 전류를 흘렸을 때 자기의 작용은 서로 당길 때는 전류가 같은 방향으로 흐르고 서로 밀 때는 반대 방향으로 흐른다. 이런 사실로부터 전류의 방향이 오른나사 방향으로 돌아가면 오른나사가 돌아가는 방향으로 자장이 생긴다는 「앙페르의 오른나사 법칙」을 발견했다. 또한 2개의 평행한 도체 사이에서 전류에 의한 자기 작용을 수학적으로 분석해 「앙페르의 법칙」을 발견했다. 전류의 단위인 암페어 [A] 는 앙페르의 이름에서 가져온 것이다.

옴 (1789~1854)

독일의 물리학자. 뉘른베르크 공업대학, 뮌헨대학의 교수를 역임했다. 푸리에가 발표한 열의 2개 지점 간의 온도차와 열류 (熱流) 의 관계는 전류에서도 똑같은 관계를 도출할 수 있다는 생각으로 실험을 실시했다. 최초에는 볼타 전지를 사용했지만 전기를 발생시키는 도중에 분극 작용이 일어나 전류가 흐르지 않게 되었다. 그래서 제베크가 발견한 열기전력을 이용해 실험한 결과 1826년 「옴의 법칙」을 이끌어냈다. 이것은 전기 회로의 중요한 법칙이 되었다.

사실 1781년 영국의 화학·물리학자 캐번디시가 이 법칙을 처음 발견했지만 발표에 이르지 못했으므로 옴의 법칙으로 불리게 된 것이다. 전기 저항 단위는 그의 이름을 따서 옴 [Ω] 이라 불린다.

엘스 테드 (1777~1851)

덴마크의 물리학자·화학자. 덴마크의 랑 엘란 섬에서 약국을 운영하던 아버지 밑에서 일하며 자연과학에 흥미를 갖게 되었다. 코펜하겐대학 졸업 후 1806년에 코펜하겐대학의 교수로 부임했다.

1820년 대학 야간 강의에서 도선에 흐르는 전류가 열과 빛을 발생시키는 실험을 하고 있을 때 갑자기 도선 근처에 있던 방위 자석의 자침이 전지의 온/오프에 의해 흔들리는 것을 발견했다. 이 현상은 도선에 전류를 흘림으로써 자계가 만들어졌기 때문이라는 것을 알아차리고 전자기학 연구의 시초를 만들었다.

또한 엘스 테드는 산소와 강하게 결합한 알루미늄 화합물로부터 알루미늄을 추출하는 데 성공한다.

병렬 회로의 합성 저항은?

병렬로 접속된 2개 저항의 합성 저항은 나눈 것의 합으로 구한다.

⚡ 병렬 회로의 합성 저항

R_1과 R_2 2개의 저항이 병렬로 접속되어 있을 때 전원 전압 E와 R_1과 R_2에 걸리는 전압 V_1과 V_2는 똑같아진다. 또한 회로 전체에 흐르는 전류 I_0는 R_1과 R_2에 흐르는 전류 I_1과 I_2의 합이 된다.

이와 같은 2개의 저항이 병렬로 접속되어 있는 회로의 합성 저항 R_0은 「2개 저항의 곱을 2개 저항의 합으로 나눈 값」이 된다.

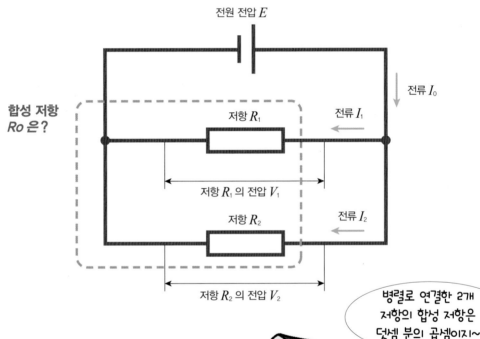

합성 저항 Ro 은?

전원 전압 E

전류 I_0

저항 R_1

전류 I_1

저항 R_1 의 전압 V_1

저항 R_2

전류 I_2

저항 R_2 의 전압 V_2

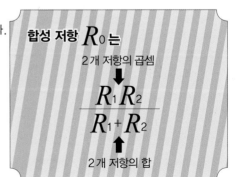

병렬로 연결한 2개 저항의 합성 저항은 덧셈 분의 곱셈이지~

저항의 병렬 접속에서는 $E = V_1 = V_2$, $I_0 = I_1 + I_2$

옴의 법칙 $I = \dfrac{E}{R}$ 로부터 $I_1 = \dfrac{E}{R_1}$, $I_2 = \dfrac{E}{R_2}$ 가 되며,

$I_0 = \dfrac{E}{R_1} + \dfrac{E}{R_2} = E\left(\dfrac{1}{R_1} + \dfrac{1}{R_2}\right)$ 로 나타낼 수 있다.

$I_0 = E\left(\dfrac{1}{R_1} + \dfrac{1}{R_2}\right)$ 을 변형하면 $I_0 = \dfrac{E}{\dfrac{1}{R_1} + \dfrac{1}{R_2}}$ 로 나타낼 수 있다.

합성 저항은 $R_0 = \dfrac{E}{I_0}$ 이므로 $R_0 = \dfrac{1}{\dfrac{1}{R_1} + \dfrac{1}{R_2}}$ 가 되며,

$R_0 = \dfrac{1}{\dfrac{1}{R_1} + \dfrac{1}{R_2}}$ 을 변형하면 $R_0 = \dfrac{R_1 R_2}{R_1 + R_2}$ 로 나타낼 수 있다.

합성 저항 R_0 는

2개 저항의 곱셈

$$\dfrac{R_1 R_2}{R_1 + R_2}$$

2개 저항의 합

⚡ 저항이 3개인 병렬 회로의 합성 저항

2개의 저항이 병렬로 접속되어 있는 회로의 합성 저항은 덧셈 분의 곱셈이다. 예를 들어 4Ω과 6Ω짜리 저항이 병렬로 접속되어 있다면 2개 저항의 곱($4[\Omega]\times6[\Omega]=24[\Omega]$)을 2개 저항의 합($4[\Omega]+6[\Omega]=10[\Omega]$)으로 나누어 $24[\Omega]\div10[\Omega]=2.4[\Omega]$이 된다. 그러나 저항이 3개 이상이 되면 이 공식은 사용할 수 없다.

저항이 3개인 경우는 합성 저항

$$R_0=\cfrac{1}{\cfrac{1}{R_1}+\cfrac{1}{R_2}+\cfrac{1}{R_3}}$$로 구할 수 있다.

예를 들면, 2Ω과 4Ω과 20Ω짜리 저항 3개가 병렬로 접속되어 있다면

$$R_0=\cfrac{1}{\cfrac{1}{2}+\cfrac{1}{4}+\cfrac{1}{20}}=1.25$$가 되어

합성 저항은 1.25Ω이다.

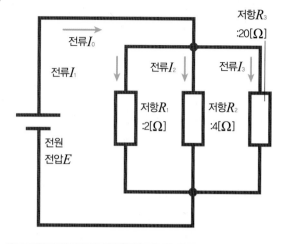

저항이 3개 이상인 합성 저항

$$R_0=\cfrac{1}{\cfrac{1}{R_1}+\cfrac{1}{R_2}+\cfrac{1}{R_3}+\cdots\cdots}$$

⚡ 분류

전기 회로에서는 저항의 병렬 접속을 이용해 전류를 나눈다. 이것을 **분류(分流)**라고 한다. 2개의 저항 R_1과 R_2가 병렬로 접속되어 있을 때 각 저항에 흐르는 전류 I_1과 I_2를 구하는 공식은

$$I_1=I_0\frac{R_2}{R_1+R_2}、\ I_2=I_0\frac{R_1}{R_1+R_2}$$이다.

각 저항에 흐르는 전류는 그 저항에 반비례해 분류된다.

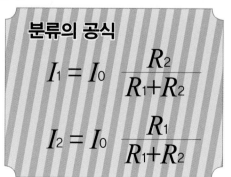

분류의 공식

$$I_1=I_0\ \frac{R_2}{R_1+R_2}$$

$$I_2=I_0\ \frac{R_1}{R_1+R_2}$$

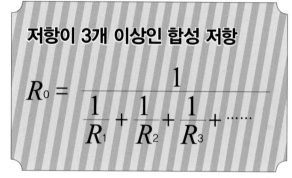
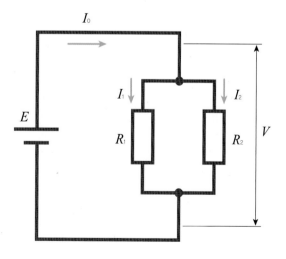

저항의 병렬 연결과 합성 저항값

알기 쉬운QR

여기서는 그림과 같이 2개의 저항(R_1과 R_2)을 병렬로 연결한 경우의 합성 저항 R을 구해보자.

각각의 저항에 흐르는 전류값을 I_1, I_2로 하면,

갈라진 회로에서 전류의 합은 1개의 전류값(I)과 같으므로

$$\frac{E}{R} = \frac{E}{R_1} + \frac{E}{R_2}$$ 의 식이 성립한다. 여기서 이 식의 전체를 전압 E로 나누면,

$$\frac{I}{R} = \frac{I}{R_1} + \frac{I}{R_2}$$ 이 되거나, $$R = \frac{1}{\dfrac{I}{R_1} + \dfrac{I}{R_2}}$$ 이 된다.

즉, R_1과 R_2가 모두 2Ω이라면, 합성 저항값 R는 그 절반인 1Ω로 된다.

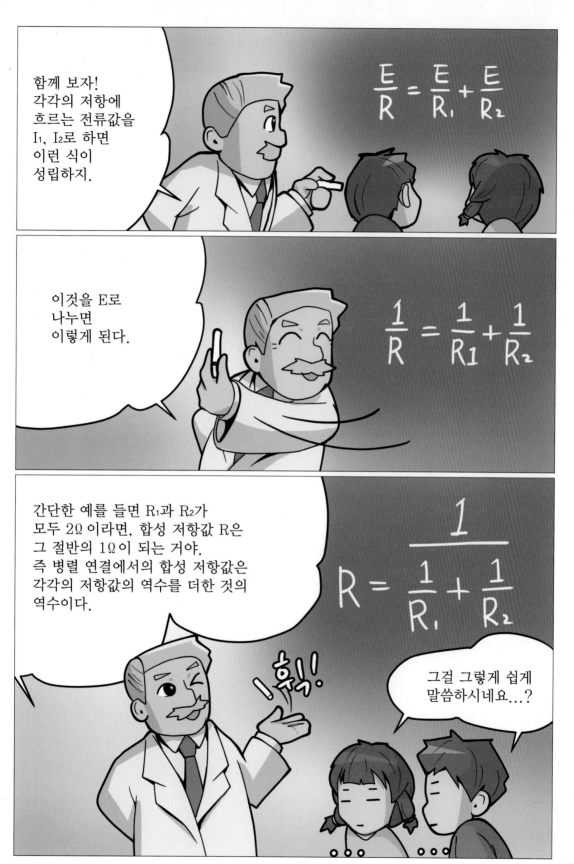

함께 보자!
각각의 저항에
흐르는 전류값을
I_1, I_2로 하면
이런 식이
성립하지.

$$\frac{E}{R} = \frac{E}{R_1} + \frac{E}{R_2}$$

이것을 E로
나누면
이렇게 된다.

$$\frac{1}{R} = \frac{1}{R_1} + \frac{1}{R_2}$$

간단한 예를 들면 R_1과 R_2가
모두 2Ω 이라면, 합성 저항값 R은
그 절반의 1Ω 이 되는 거야.
즉 병렬 연결에서의 합성 저항값은
각각의 저항값의 역수를 더한 것의
역수이다.

$$R = \frac{1}{\frac{1}{R_1} + \frac{1}{R_2}}$$

휙!

그걸 그렇게 쉽게
말씀하시네요…?

⚡ 직병렬 접속의 합성 저항

실제 전기 회로에서는 저항의 직렬 접속과 병렬 접속이 섞인 직병렬 접속으로 이루어져 있다. 이런 경우 합성 저항은 다음과 같은 단계를 거쳐 구한다.

6Ω짜리 R_1과 4Ω짜리 R_2가 병렬된 회로에 2.6Ω짜리 저항 R_3가 직렬로 접속된 회로에 20V의 전압을 가했다고 가정하자. R_1과 R_2의 합성 저항 R_{12}는 병렬 접속이므로 합셈 분의 곱셈으로 구하면 2.4Ω이 된

다. R_{12}와 R_3는 직렬 접속이므로 합성 저항은 그 저항의 합이 되며, 이 회로의 합성 저항 R_0는 5Ω이 된다. 회로 전체에 흐르는 전류 I_0는 옴의 법칙에 따라

$$I_0 = \frac{E}{R_0} = \frac{20}{5} = 4$$이므로 4A가 된다.

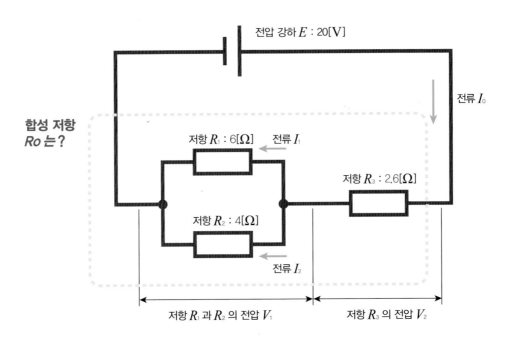

전압 강하 E : 20[V]

전류 I_0

합성 저항 Ro 는?

저항 R_1 : 6[Ω]   전류 I_1

저항 R_3 : 2.6[Ω]

저항 R_2 : 4[Ω]

전류 I_2

저항 R_1 과 R_2 의 전압 V_1 저항 R_3 의 전압 V_2

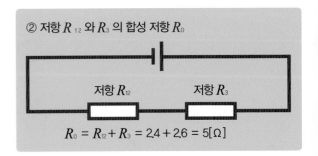

① 저항 R_1 과 R_2 의 합성 저항 R_{12}

$$R_{12} = \frac{R_1 R_2}{R_1 + R_2} = \frac{6 \times 4}{6 + 4} = 2.4[\Omega]$$

③ 전류 I_0 옴의 법칙 $I_0 = \frac{E}{R_0} = \frac{20}{5} = 4[A]$

② 저항 R_{12} 와 R_3 의 합성 저항 R_0

저항 R_{12} 저항 R_3

$$R_0 = R_{12} + R_3 = 2.4 + 2.6 = 5[\Omega]$$

⚡ 각 전압과 전류를 구하는 방법

전원 전압 E(20V) 저항 R_1(6Ω)과 저항 R_2(4Ω)、 저항 R_3(2.6Ω)로 이루어진 직병렬 접속 회로에서 회로 전체의 전류 I_0는 4A이다. 여기까지 알게 되면 저항 R_1과 저항 R_2에 걸리는 전압이나 전류 등도 파악할 수 있다.

저항 R_1과 저항 R_2는 병렬 접속이므로 같은 전압

이 걸린다. 이 전압 V_1과 저항 R_3에 걸리는 전압 V_2는 옴의 법칙으로 구할 수 있다. 합성 저항 R_0에 걸리는 전압 V_0는 전원 전압 E와 똑같으므로 20V이다 (전압 V_1과 전압 V_2의 합과도 동일). 전류 I_1과 전류 I_2에 흐르는 전류는 분류의 공식으로 구할 수 있다.

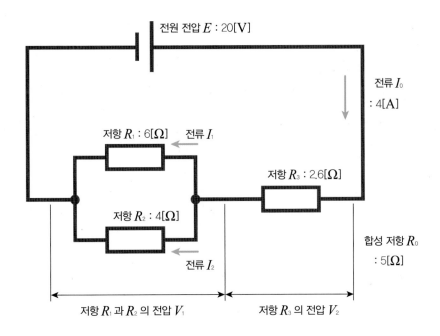

전원 전압 E : 20[V]

전류 I_0 : 4[A]

저항 R_1 : 6[Ω] 전류 I_1

저항 R_3 : 2.6[Ω]

저항 R_2 : 4[Ω]

전류 I_2

합성 저항 R_0 : 5[Ω]

저항 R_1 과 R_2 의 전압 V_1　　저항 R_3 의 전압 V_2

---

① 전압 V_1 과 V_2

$$V_1 = R_{12} \times I_0 = 2.4 \times 4 = 9.6 \ [V]$$

$$V_2 = R_3 \times I_0 = 2.6 \times 4 = 10.4 \ [V]$$

---

② 전류 I_1 과 I_2

$$I_1 = I_0 \frac{R_2}{R_1 + R_2} = 4 \times \frac{4}{6+4} = 1.6 [A]$$

$$I_2 = I_0 \frac{R_2}{R_1 + R_2} = 4 \times \frac{6}{6+4} = 2.4 [A]$$

직병렬 접속 회로의 저항이나 전압, 전류는 하나하나 단계를 거쳐 구해요.

저항의 직렬, 병렬 혼합 연결과 합성 저항값

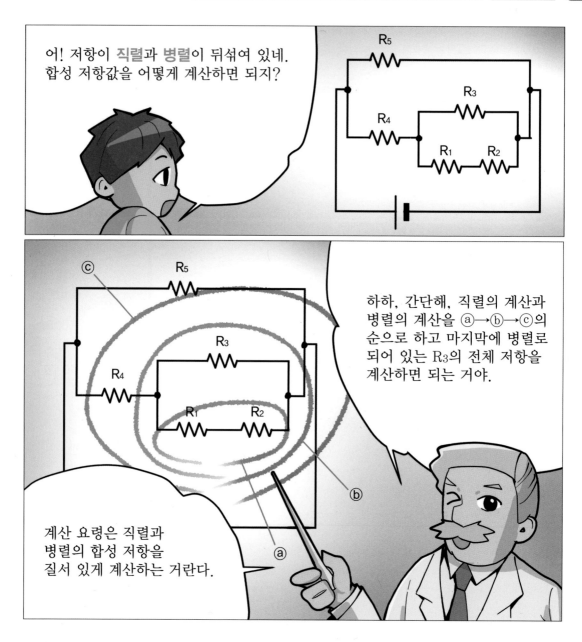

직렬과 병렬 연결이 아무리 복잡해도 계산하는 방법은 2가지 방식밖에 없으므로 직렬과 병렬의 합성 저항을 질서 있게 계산하는 것이 포인트다. 예를 들면, 그림의 회로에서는 먼저 A범위의 직렬 저항값을 계산한 다음 B의 병렬 저항값을 계산한다.

그리고 C범위의 직렬 저항값을 계산하고 끝으로 병렬로 되어 있는 R_5의 전체 저항값을 계산하면 된다. 즉, R_1=10Ω, R_2=20Ω, R_3=30Ω, R_4=35Ω, R_5=50Ω이라면 합성 저항 R은 25Ω이다. 한번 스스로 확인해 보자.

합성 저항 안의 미지 저항

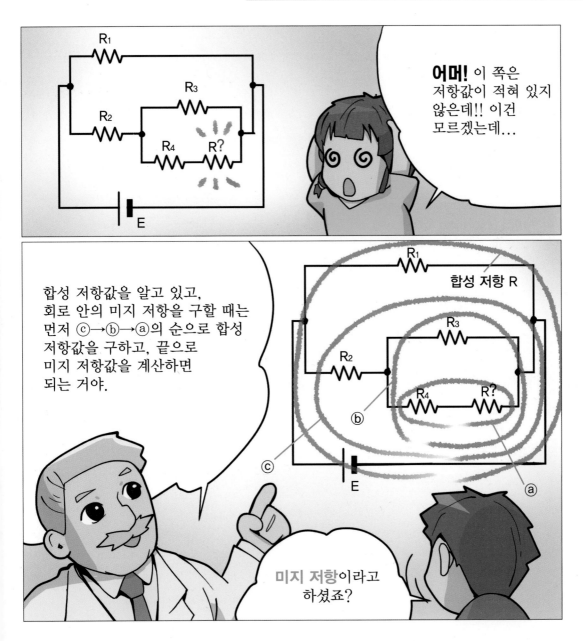

합성 저항값은 알고 있고 회로 안의 미지 저항을 알고 싶을 경우, 이번에는 전체의 저항값에서 거슬러 올라가 C 범위의 합성 저항값을 먼저 계산한다. 그리고 B 범위의 합성 저항값을 계산하고, 다음에 A의 합성 저항값을 계산한 후 끝으로 원하는 미지의 저항값을 계산하면 된다.

예를 들면, 위의 회로(R_1=20Ω, R_2=80Ω, R_3=60Ω, R_4=40Ω)에서 합성 저항값이 55Ω이라면 원하는 미지 저항 R은 20Ω이 된다.

직렬과 병렬로 전원을 접속할 때 변화는?

축전지 같은 직류 전원은 연결 방법에 따라 단자 전압과 용량이 달라진다.

⚡ 축전지의 전압과 용량

축전지는 자동차 배터리로 많이 사용되고 있다. 2차 전지이므로 충전할 수 있다.

단자 전압이란 축전지의 전원 단자에서 얻을 수 있는 전압이다. 라벨 등에 **단자 전압 12V**라고 표기되어 있다면 12V 전압을 얻을 수 있다는 뜻이다. 또한 용량 수치도 표기되어 있다. 용량은 축전지를 몇 시간 동안 사용할 수 있는지를 나타낸다. 300Ah(암페어 아우어)라고 표기되어 있다면 3A의 전류를 10시간 동안 사용할 수 있다는 의미이다.

이 단자 전압과 용량은 축전지의 연결 방법에 따라 변화된다.

단자전압12V
용량　30Ah

12V의 전압을 얻을 수 있는 3A 전류라면 10시간 동안 방전할 수 있다.

⚡ 축전지의 직렬 접속

축전지를 직렬로 연결하면 단자 전압이 증가한다. 예를 들면, 12V 축전지 2개를 직렬로 연결하면 단자 전압은 24V가 된다. 마찬가지로 3개를 연결하면 36V가 된다. 다만, 직렬 접속에서 용량은 바뀌지 않는다.

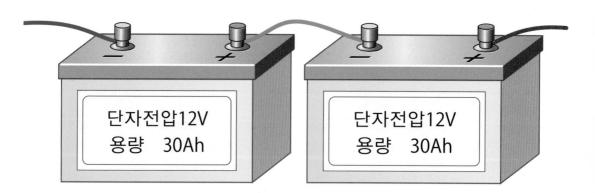

단자전압12V
용량　30Ah

단자전압12V
용량　30Ah

단자 전압 12V 용량 30Ah인 축전지 2개를 직렬로 연결하면 단자 전압은 24V가 된다. 용량은 30Ah 그대로다.

⚡ 축전지의 병렬 접속

축전지를 병렬로 연결하면 단자 전압은 증가하지 않는다. 단자 전압 12V인 축전지 2개를 병렬로 연결해도 단자 전압은 12V 그대로다. 그 대신 용량이 증가한다. 용량이 30Ah인 축전지 2개를 병렬로 연결하면 용량은 60Ah가 된다. 마찬가지로 3개를 연결하면 90Ah가 된다.

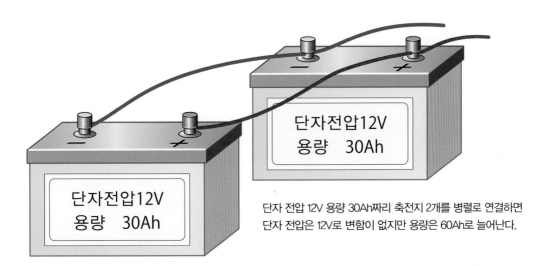

단자 전압 12V 용량 30Ah짜리 축전지 2개를 병렬로 연결하면 단자 전압은 12V로 변함이 없지만 용량은 60Ah로 늘어난다.

⚡ 단락(쇼트)

단락이란 전지의 플러스극과 마이너스극 등과 같이 전위차가 있는 2개 지점 이상을 저항을 통하지 않고(또는 매우 작은 저항 상태로) 접속하는 것이다. **쇼트(short)**라고도 한다. 단락이 되면 전기 회로 안에 큰 전류가 흐르고 전지가 발열하면서 손상될 수 있다. 그 뿐만 아니라 사람이 부상을 당하거나 전지가 폭발해 상처를 입을 위험도 있다.

+극과 −극을 직접 연결하면 단락(쇼트)이 일어난다.
전지가 발열하고 때로는 폭발하는 경우도 있다.

전지의 양극을 직접 도선으로 연결하는 것은 절대로 안 돼요~

키르히호프의 제1법칙 전하량의 보존 법칙

키르히호프의 제1법칙은 모든 전기 회로에 적용되는 전류에 대한 법칙이다.

⚡ 키르히호프의 제1법칙

전류나 전압을 구할 경우 기본적으로 옴의 법칙으로 구할 수 있지만 많은 저항을 복잡하게 접속한 전기 회로에서는 옴의 법칙을 발전시킨 **키르히호프의 법칙**을 이용한다. 전류에 관한 법칙으로 **키르히호프의 제1법칙**이 있다.

전기 회로에 흐르는 전류가 어디론가 사라지는 경우는 없다. 전류를 강에 비유하면 2개의 강이 합류하는 장소에서 합류한 후의 강물 수량은 합류하기 전 2개 강물의 수량을 합친 것과 똑같다. 이것은 전류에서도 똑같이 적용할 수 있다. 회로 안에 있는 도선의 접속점에서는 그 접속점으로 유입하는 전류의 합이 유출되는 전류와 똑같은 것이다.

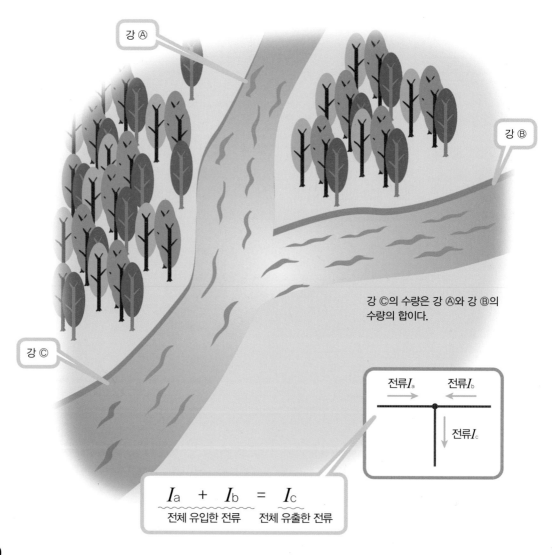

강 ⓒ의 수량은 강 ⓐ와 강 ⓑ의 수량의 합이다.

$$I_a + I_b = I_c$$

전체 유입한 전류   전체 유출한 전류

⚡ 전류의 방향은 가정한다

키르히호프의 제1법칙을 이용할 때 전류의 방향을 알지 못하는 경우는 전류의 방향을 가정해 식을 만든다.

전류 I_1과 I_2를 유입, I_3를 유출로 가정하면 식은 $I_1 + I_2 = I_3$가 된다.

또한 유입되는 전류의 합이 유출되는 전류와 똑같다는 것은 유입되는 전류와 유출되는 전류의 합이 0이라는 뜻이므로 모든 전류를 유입이라고 가정하면 $I_1 + I_2 + I_3 = 0$이라는 식도 성립한다. 실제로 모든 전류가 유입되는 경우는 없기 때문에 이 식으로 계산하면 전류 값이 마이너스 부호가 붙은 전류가 나온다. 마이너스 부호가 붙은 전류는 가정한 전류의 방향과 반대라는 것을 뜻한다.

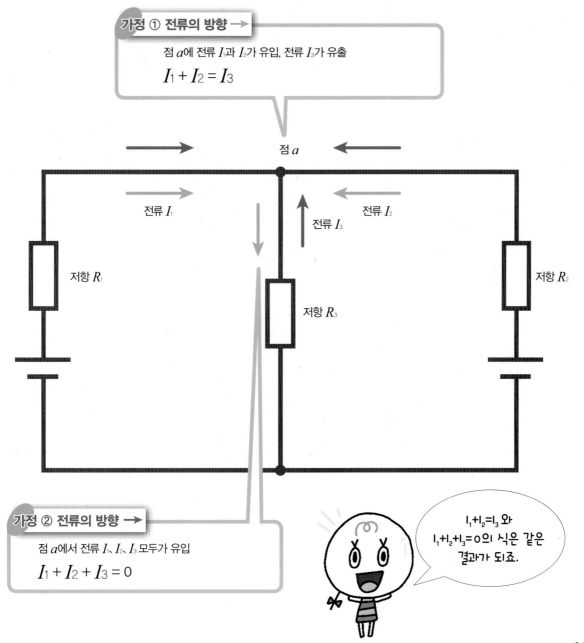

가정 ① 전류의 방향 →

점 a에 전류 I_1과 I_2가 유입, 전류 I_3가 유출

$$I_1 + I_2 = I_3$$

점 a

전류 I_1

전류 I_3

전류 I_2

저항 R_1

저항 R_3

저항 R_2

가정 ② 전류의 방향 →

점 a에서 전류 I_1, I_2, I_3 모두가 유입

$$I_1 + I_2 + I_3 = 0$$

I₁+I₂=I₃ 와 I₁+I₂+I₃=0의 식은 같은 결과가 되죠.

키르히호프의 제1법칙

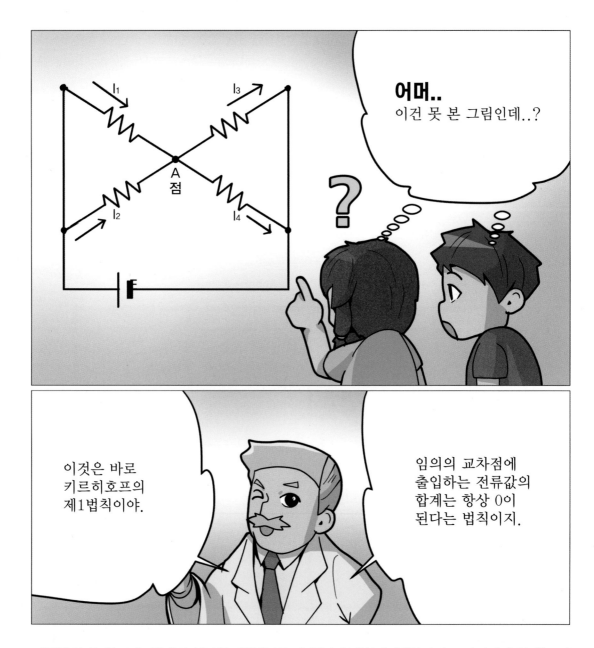

「전류의 총계(112p)」 항에서 설명한 내용을 좀 더 폭넓게 해석하면 「임의의 교차점에 출입하는 전류값의 합계는 항상 0」이라는 **키르히호프의 제1법칙**으로 이어진다.

간단히 말하면 A점에 들어가는 전류 I_1과 I_2의 합은 A점에서 나가는 전류 I_3와 I_4의 합과 같다. 또한 (+)나 (−)로 전류가 흐르는 방향을 구별하면(들어가는 전류를 (+)로 하면 나가는 전류는 (−)), A점에 들어가는 모든 전류값의 합은 항상 0이라고 한다. $I_1+I_2+I_3+I_4=0$의 식도 이해할 수 있을 것이다.

A점에 들어가는
전류의 합계는
A점에서 나가는
전류의 합계와
같다는 거야.

A점에
들어가는 전류란
I_1과 I_2인가요?

그래,
그리고 A점에서
나가는 전류가
I_3과 I_4 이지.

$$I_1 + I_2 + I_3 + I_4 = 0$$

다만 플러스(+)나
마이너스(−)로
흐르는 전류의
방향을 구별하면...

이런 식이
된단다.

143

키르히호프의 제2법칙 에너지 보존 법칙

키르히호프의 제2법칙은 모든 전기 회로에 적용되는 전압에 대한 법칙이다.

⚡ 키르히호프의 제2법칙

키르히호프의 제2법칙은 **전기 회로 내의 폐회로에 존재하는 기전력(전원 전압)의 합은 전압 강하의 합과 똑같다**라는 것으로 키르히호프의 전압법칙이라고도 한다.

폐회로란 스위치를 닫아 전류가 흐르는 상태로 출발점에서 출발하여 한 바퀴를 돌아 출발점으로 돌아오는 회로를 말한다. 아래 그림에서는 폐회로 I ∼ III 3가지를 생각할 수 있다.

기전력의 합은 각 폐회로에서 생각할 수 있다. 폐회로의 경우 폐회로를 도는 순서와 기전력 E_1의 극성 방향이 똑같기 때문에 기전력 E은 플러스가 된다. 반대로 기전력 E_2에서는 극성 방향이 반대이므로 마이너스가 되고 기전력의 합은 $E_1 + (-E_2)$ 즉, $E_1 - E_2$로 나타낼 수 있다.

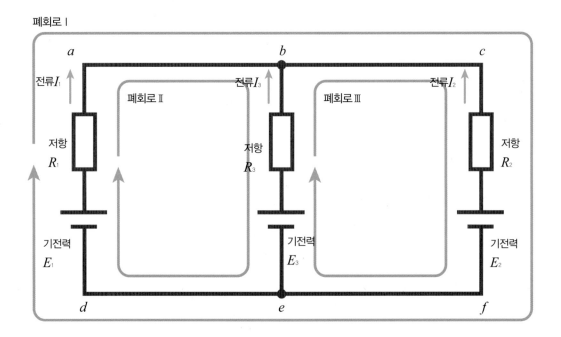

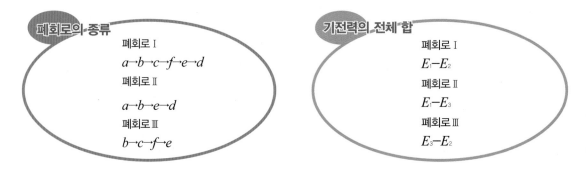

폐회로의 종류

폐회로 I

$a \rightarrow b \rightarrow c \rightarrow f \rightarrow e \rightarrow d$

폐회로 II

$a \rightarrow b \rightarrow e \rightarrow d$

폐회로 III

$b \rightarrow c \rightarrow f \rightarrow e$

기전력의 전체 합

폐회로 I

$E_1 - E_2$

폐회로 II

$E_1 - E_3$

폐회로 III

$E_3 - E_2$

⚡ 전압 강하의 전체 합

전압 강하의 합은 전류의 흐름을 가정해 생각한다. 왼쪽 페이지의 그림처럼 I_1, I_2, I_3의 전류가 흐르고 있다고 하자. 폐회로 I 의 전압 강하는 저항 R_1에 흐르는 전류 I_1의 방향과 폐회로 I 를 지나가는 방향이 같기 때문에 플러스가 된다. R_2로 들어가는 전류 I_2의 방향은 폐회로 I 이 지나가는 방향과 반대이므로

마이너스가 되며, 전압의 합은 $I_1R_1 - I_2R_2$로 나타낼 수 있다. 키르히호프의 제2법칙은 **전기 회로 안의 폐회로에 존재하는 기전력(전원 전압)의 합은 전압 강하의 합과 동일**하기 때문에 $E_1 - E_2 = I_1R_1 - I_2R_2$이라는 식이 성립한다.

전압 강하의 전체 합

폐회로 I : $I_1R_1 - I_2R_2$

폐회로 II : $I_1R_1 - I_3R_3$

폐회로 III : $I_3R_3 - I_2R_2$

기전력의 전체 합 = 전압 강하의 전체 합

$E_1 - E_2 = I_1R_1 - I_2R_2$

$E_1 - E_3 = I_1R_1 - I_3R_3$

$E_3 - E_2 = I_3R_3 - I_2R_2$

⚡ 전원이 2개가 있는 전기 회로의 이해

오른쪽 그림과 같이 전원이 2개, 저항이 3개인 회로의 전류는 키르히호프의 법칙으로 구할 수 있다.

키르히호프의 제1법칙을 토대로 전류의 방향을 가정하면 접속점 a에서 유출되는 전류 I_3는 유입되는 전류 I_1와 I_2의 합과 똑같으므로 $I_3 = I_1 + I_2$가 된다. 다음으로 키르히호프의 제2법칙에 따라 폐회로 I 을 화살표 방향으로 돌아간다고 하면 $E_1 = I_1R_1 + I_3R_3$로부터 $20 = I_1 \times 1 + I_3 \times 5$가 된다. 마찬가지로 폐회로 II 에서는 $E_2 = I_2R_2 + I_3R_3$로부터 $190 = I_2 \times 10 + I_3 \times 5$가 된다.

$I_3 = I_1 + I_2, 20 = I_1 + 5I_3, 190 = 10I_2 + 5I_3$ 3가지 식의 연립방정식을 풀어보면 각 전류의 값($I_1 = -10$[A]、$I_2 = 16$[A]、$I_3 = 6$[A]) 을 구할 수 있다.

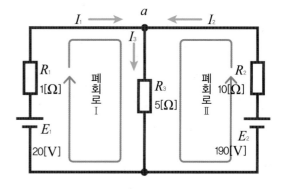

$I_3 = I_1 + I_2$

$E_1 = I_1R_1 + I_3R_3$ $E_2 = I_2R_2 + I_3R_3$

$20 = I_1 + 5I_3$ $190 = 10I_2 + 5I_3$

$\left. \begin{array}{l} I_3 = I_1 + I_2 \\ 20 = I_1 + 5I_3 \\ 190 = 10I_2 + 5I_3 \end{array} \right\}$ 3행 1차방정식을 푼다.

$I_1 = -10$[A] $I_2 = 16$[A] $I_3 = 6$[A]

10A인 전류 I_1에는 마이너스 부호가 붙어 있으므로 흐르는 방향이 반대였다고 할 수 있지.

키르히호프의 제2법칙

카르히호프의 제2법칙이야.

흠... 이것은 어떤 회로에요?

맞아요! 제1법칙이 있으니 반드시 제2도 있다고 생각했어요.

체조에서도 두 번째 동작이 있잖아요.

제2법칙은 조금 어렵지만 흥미를 가진 사람은 아래 글을 읽어보자.

제 1법칙이 있으면 당연히 제 2법칙이 궁금해질 것이다. 조금 어렵지만 흥미를 가진 독자들을 위해 여기서 소개하기로 한다.

위 회로의 경우, 키르히호프의 제 1법칙에서 $I_1 + I_2 = I_3$이 된다. 여기에 1개의 폐회로 안에 있는 전압의 총계는 그 폐회로 안의 전류×저항의 합과 같다는 관계가 성립된다. 즉, abcd의 회로에서는 $R_1 I_1 + R_2 I_2 = E_1 + E_2$, abef의 회로에서는 $R_1 I_1 + R_3 I_3 = E_1$이다. 이 각 폐회로에서 전압의 관계를 **키르히호프의 제 2법칙**이라고 한다.

03

전기 회로에는 다양한 전자부품이 사용되고 있다. 또한 이들 전자제품들은 직류와 교류에 따라 작용이 달라진다. 이 장에서는 교류의 성질부터 전자부품의 원리까지 전기 회로를 토대로 살펴보겠다.

양방향으로 흐르는 교류의 전기 회로

가정에서 사용하는 전기는 교류이다.

교류 발전기에서 만들어진 교류는 정현파를 그린다.

발전기가 만드는 교류

가정이나 아파트 등으로 보내지는 전류는 교류다. 건전지 등의 전원은 전압이나 전류 방향, 세기가 시간과 상관없이 일정한 직류이지만 교류는 전압이나 전류가 주기적으로 바뀐다.

교류는 교류 발전기에서 만들어진다. 영구 자석의 자계 안에서 도선을 움직이면 전자 유도 작용에 의해 전류가 흐른다. 교류 발전기는 영구 자석의 자계 안에서 코일을 회전시켜 전류를 만든다.

코일을 회전시켜 코일이 자계 방향과 평행해질 때 코일 안의 자속이 가장 많이 변화하기 때문에 가장 큰 기전력을 얻을 수 있다. 그 후 코일과 자계의 각도가 직각에 근접함에 따라 기전력은 작아진다. 이 기전력의 변화로 교류는 파형(정현파)을 만든다. 이와 같은 교류를 **정현파 교류(正弦波交流)**라고 한다.

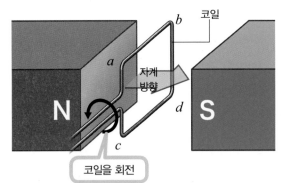

① 코일이 자계에 대해 직각 → 기전력 0
　(자속이 코일을 가장 많이 통과할 때)
② 코일이 90° 회전 → 기전력 최대
　(자속이 코일 안을 통과하지 않을 때)
③ 코일이 180° 회전 → 기전력 0
④ 코일이 270° 회전 → 기전력 최대
　(전류 방향은 반대)
⑤ 코일이 360° 회전 → 기전력 0

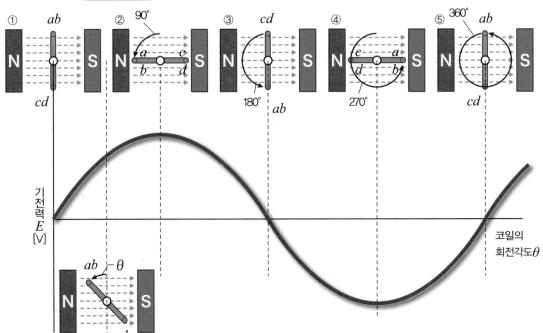

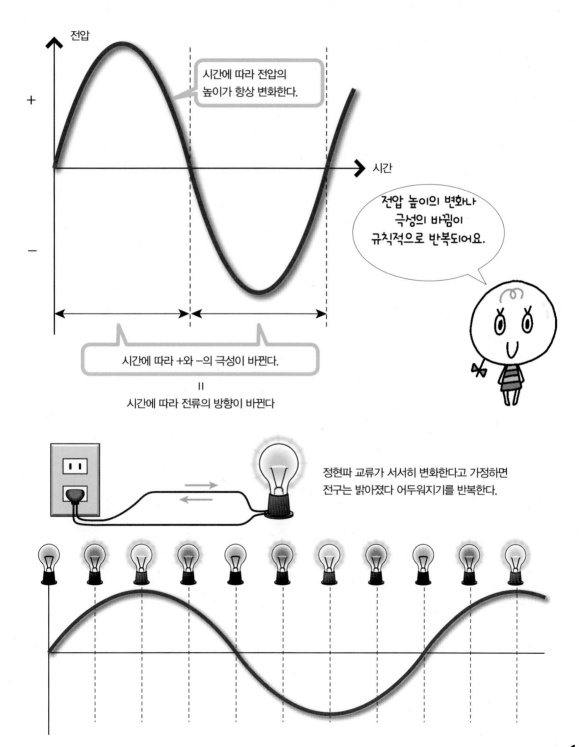

정현파 교류의 특징

정현파 교류의 파형을 보면 플러스극과 마이너스극의 극성이 반전한다는 것을 알 수 있다. 세로축은 전압의 높이를 나타낸다. 전류의 방향과 전압의 높이가 주기적으로 변화하는 것을 보여주고 있다. 가로축은 시간의 경과를 나타낸다. 플러스 커브와 마이너스 커브가 교대로 나타난다.

전압

시간에 따라 전압의 높이가 항상 변화한다.

+

−

시간

전압 높이의 변화나 극성의 바뀜이 규칙적으로 반복되어요.

시간에 따라 +와 −의 극성이 바뀐다.

=

시간에 따라 전류의 방향이 바뀐다

정현파 교류가 서서히 변화한다고 가정하면 전구는 밝아졌다 어두워지기를 반복한다.

직류와 교류

건전지의 전류와 가정의 콘센트 전류는 그 성질이 다르다. 건전지의 전압은 항상 크기가 같은 값이며, (+)극과 (−)극의 극성도 변하지 않지만, 가정의 콘센트 전압은 크기와 (+)극과 (−)극의 극성도 시간과 함께 변화하는 성질을 갖고 있다.

이 건전지와 같은 전류를 직류(DC)라고 하며, 가정의 콘센트 전류와 같이 끊임없이 변화하는 전류를 교류(AC)라고 한다. 회로도에서 교류 전원은 ∿로 표기한다.

교류 파형(波形)

직류와 교류의 전압 파형은 위의 그림과 같다. 직류 전압은 항상 일정한 값이지만, 교류는 시간과 함께 일정한 시간(주기＝T초)에서 0→(＋)파형→0→(−)파형→((−)파형→0→(＋)파형→)을 반복하며, 이 파형을 정현 파형(사인 커브)이라고 한다.

1초에 이 주기가 몇 번인지를 나타낸 것이 주파수(f=1/T)이고, 주파수의 단위는 Hz(헤르츠)로 나타낸다. 또 (＋)·(−)가 변화하지 않고 전압의 크기만 항상 변화하는 것을 **맥류(脈流)**라고 한다.

주파수와 주기는 어떻게 다른가?

정현파가 1사이클을 하는데 걸리는 시간을 주기 1초 동안 반복된 사이클 수를 주파수라고 한다.

주파수와 주기의 관계

정현파 교류에서는 플러스 커브와 마이너스 커브가 반복적으로 나타나는데 이 플러스 커브와 마이너스 커브가 1왕복(1사이클)하는 데 걸리는 시간을 **주기**라고 한다. 주기의 기호는 T로 나타내며, 단위는 초[s]다. 또한 1초 동안 반복된 사이클 수를 「주파수」라고 한다. 주파수 기호는 f로 나타내며, 단위는 헤르츠[Hz]다.

1사이클에 0.2초가 걸리는 주기는 0.2s가 되며, 1초 동안 5사이클하는 주파수는 5Hz가 된다.

주파수 f와 주기 T는 $f=\dfrac{1}{T}$[Hz], $T=\dfrac{1}{f}$[s]의 관계가 된다.

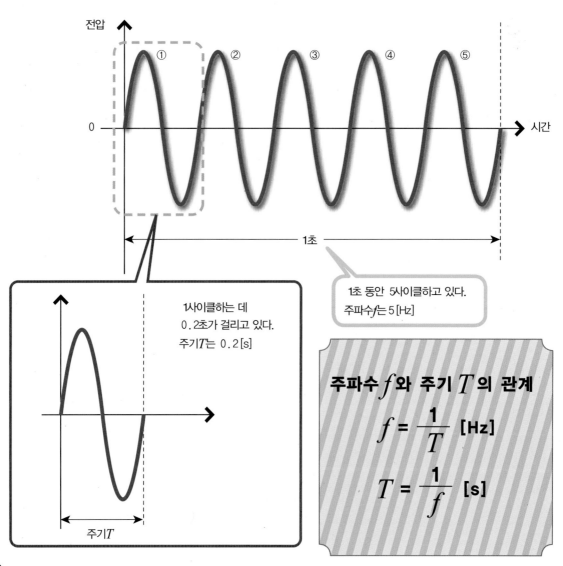

1사이클하는 데
0.2초가 걸리고 있다.
주기 T는 0.2[s]

1초 동안 5사이클하고 있다.
주파수 f는 5[Hz]

주파수 f와 주기 T의 관계

$$f = \frac{1}{T} \text{ [Hz]}$$

$$T = \frac{1}{f} \text{ [s]}$$

주파수

1헤르츠(Hz)는 1초 동안 플러스와 마이너스 쪽에 각각 1개의 커브를 갖는 교류 전기로 유럽에서 사용하는 50헤르츠와 남미와 북미에서 사용하는 60헤르츠 두 종류의 정현파 교류 전기가 있다.

국내 일반 가정용의 전기는 1초 동안 플러스와 마이너스 쪽에 각각 60개의 커브를 갖는 60헤르츠의 교류 전기를 사용하며 이웃한 중국은 50헤르츠, 대만은 60헤르츠의 교류 전기를 사용한다. 그러나 일본은 유일하게 50헤르츠와 60헤르츠 두 종류의 교류 전기를 사용한다.

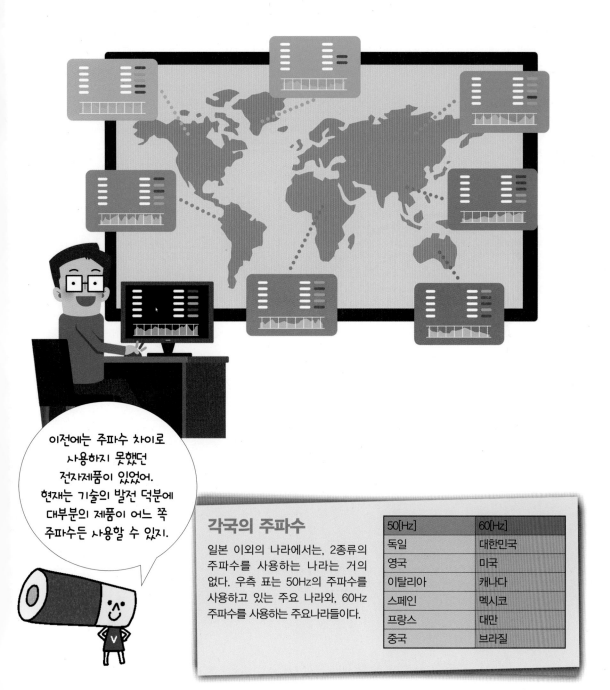

이전에는 주파수 차이로 사용하지 못했던 전자제품이 있었어. 현재는 기술의 발전 덕분에 대부분의 제품이 어느 쪽 주파수든 사용할 수 있지.

각국의 주파수

일본 이외의 나라에서는, 2종류의 주파수를 사용하는 나라는 거의 없다. 우측 표는 50Hz의 주파수를 사용하고 있는 주요 나라와, 60Hz 주파수를 사용하는 주요나라들이다.

50[Hz]	60[Hz]
독일	대한민국
영국	미국
이탈리아	캐나다
스페인	멕시코
프랑스	대만
중국	브라질

전기 세계에서의 각도 법은?

전기의 세계에서는 각도의 크기를 호도법으로 나타낸다.

도수법과 호도법

원의 각도를 나타내는 방법에는 **도수법(度數法)**과 **호도법(弧度法)**이 있다. 도수법이란 2개의 직선이 만드는 각도를 도수로 나타내는 방법으로 원주를 360등분했을 때 생기는 호(弧)가 중심을 이루는 각도는 1°가 된다.

이에 반해 호도법은 반경과 똑같은 길이를 가진 호가 중심을 이루는 각도를 1라디안[rad]으로 표시한다. 반경을 r이라고 하면 반경의 2배 길이인 호2r이 중심을 이루는 각도는 2[rad]이 된다. 원주를 구하는 공식은 $2\pi r$ 이므로 호도법에서 360°를 나타내는 경우, 2π[rad]이 된다.

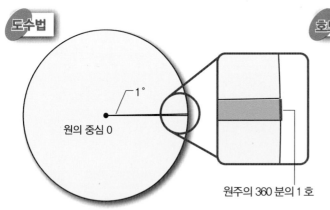

1° = 원주를 360 등분한 가운데 하나의 호가 중심을 이루는 각도

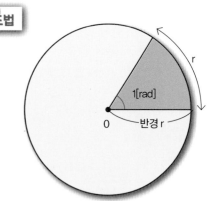

1rad = 원주 상에 반경 r 과 똑같은 길이의 호를 잡고 그 호가 중심을 이루는 각도

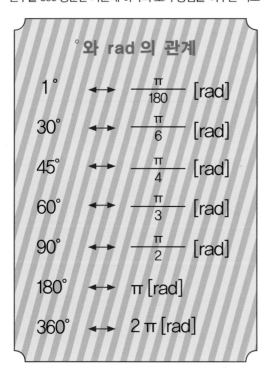

°와 rad 의 관계

1°	↔	$\dfrac{\pi}{180}$ [rad]
30°	↔	$\dfrac{\pi}{6}$ [rad]
45°	↔	$\dfrac{\pi}{4}$ [rad]
60°	↔	$\dfrac{\pi}{3}$ [rad]
90°	↔	$\dfrac{\pi}{2}$ [rad]
180°	↔	π [rad]
360°	↔	2π [rad]

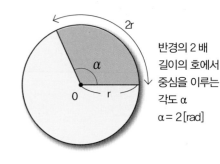

반경의 2 배 길이의 호에서 중심을 이루는 각도 α
α = 2[rad]

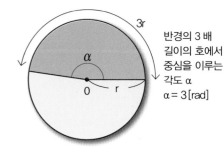

반경의 3 배 길이의 호에서 중심을 이루는 각도 α
α = 3[rad]

각주파수

교류 발전기는 코일이 회전함으로써 기전력을 발생시킨다. 주파수는 이 코일이 1초 동안 회전수를 나타낸다. 이 주파수가 1초 동안 회전하는 각도의 크기를 「각주파수 또는 각속도」라고 한다. 기호는 오메가 ω로 나타내며, 단위는 [rad/s]로 나타낸다.

예를 들면, 주파수 60Hz의 각주파수는 1초 동안 60사이클을 하므로 원주 $2\pi \times 60$이 되며, 120[rad/s]가 된다. 이와 같이 주파수 f의 각주파수 ω는 $\omega = 2\pi f$로 구할 수 있다. 각주파수 ω는 주파수 f에 비례한다.

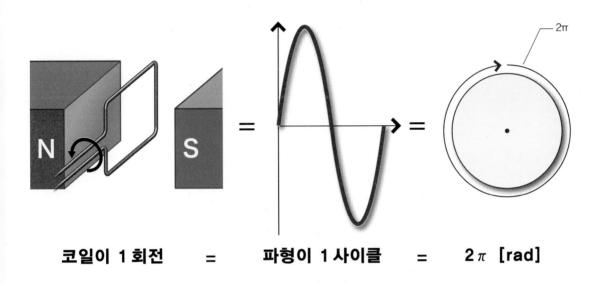

코일이 1 회전 = 파형이 1 사이클 = 2π [rad]

50Hz 의 각주파수 ω

$\omega = 2 \times \pi \times 50 = 100 \pi \, [\text{rad} / \text{s}]$

60Hz 의 각주파수 ω

$\omega = 2 \times \pi \times 60 = 120 \pi \, [\text{rad} / \text{s}]$

주파수 f 의 각주파수 ω

$\omega = 2\pi f \, [\text{rad} / \text{s}]$

각주파수는 1초당 회전각도야.

교류값은 어떻게 구분하는가?

교류의 순간적인 값을 순시값이라 하며, 평균값은 반주기로 생각한다.

순시값과 최댓값

아래 그림의 원은 코일이 회전한 각도(각주파수)를 나타내며, 파형은 코일이 회전함으로써 발생하는 기전력을 나타낸 정현파 교류다. 정현파 교류는 코일이 회전함으로써 바뀌는 각주파수의 순간적인 값을 나타낸다. 이 값을 **순시값(瞬時値)**이라고 한다.

순시값이 가장 큰 값이 되는 것은 플러스 커브와 마이너스 커브의 정상부분으로 이 값을 **최댓값**이라

고 한다. 순시값 e는 $e = Vm \sin \omega t$로 구할 수 있다. Vm은 코일의 형상이나 자석의 세기로 정해지는 수치다.

교류의 기전력 전압은 정현파이지만 전류도 똑같은 정현파를 그린다.

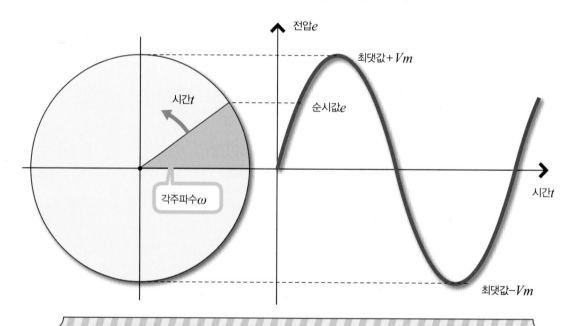

순시값 e는 $e = Vm \sin \omega t$로 구할 수 있다.

Sin(정현)

sin(정현)이란 주기적인 파(波)를 의미한다.

오른쪽 그림처럼 원점 0이 중심인 반경 r의 원주상에 점 P(x, y)가 있다고 가정하면 OP와 x축이 이루는 각도 θ는 $\sin\theta = \frac{y}{r}$가 된다. 이 공식을 삼각함수라고 한다. 위 그림의 순시값은 점P의 y에 해당한다. 최댓값 Vm은 반경 r과 y가 똑같아진 지점이다. 그리고 각주파수 ω에 시간 t를 곱한 것이 θ에 해당한다. $\sin\theta = \frac{y}{r}$를 변형하면, $y = r\sin\theta$가 되기 때문에 순시값 e는 $Vm \times \sin\omega t$로 구할 수 있다.

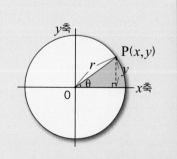

평균값

정현파 교류는 플러스 커브와 마이너스 커프의 파형을 반복하므로 그 평균값을 구하는 경우가 있다.

정현파 교류의 1주기(1사이클)는 플러스 커브의 면적과 마이너스 커브의 면적이 똑같으므로 이들 평균값를 구하면 0이 된다. 이 때문에 정현파 교류의 기전력이나 전류의 평균값을 구하는 경우 반주기에서 구해 평균값을 삼는다.

평균값 Vav는 $Vav=\dfrac{2}{\pi}Vm$으로 구할 수 있다.

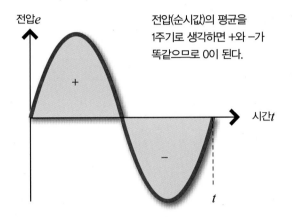

전압(순시값)의 평균을 1주기로 생각하면 +와 −가 똑같으므로 0이 된다.

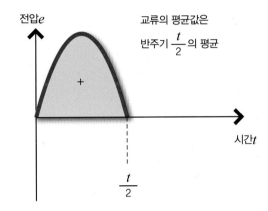

교류의 평균값은 반주기 $\dfrac{t}{2}$의 평균

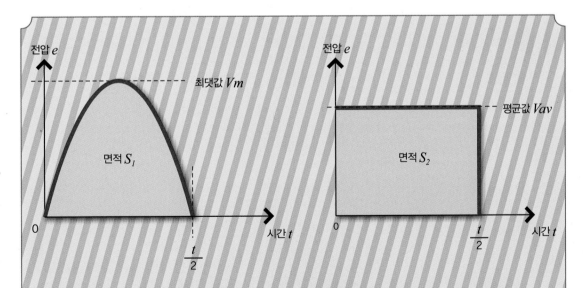

평균값 Vav는 면적 S_1과 S_2가 똑같아졌을 때 구할 수 있다.

최댓값 Vm과 평균값 Vav의 관계는 $Vav=\dfrac{2}{\pi}Vm[\text{V}]$

평균값 Vav는 최댓값 Vm의 $\dfrac{2}{\pi}$배, 즉 약 0.64배

교류 전원은 정현파 교류의 실효값이다.

교류 전원의 전압은 실효값이다.

직류와 교류의 차이

직류 전원 50V에 저항 10Ω짜리 전구를 연결했을 때 이 전구의 소비전력은 250W이다. 직류와 마찬가지로 생각하면 평균값이 50V인 교류 전원에 저항 10Ω짜리 전구를 연결하면 소비전력은 250W가 될 것 같지만 실제로는 그렇지 않다. 소비전력은 전압의 2제곱에 비례하기 때문이다.

소비전력 W는 전압 E×전류 I로 구한다. 옴의 법칙 $I=\dfrac{E}{R}$를 이 전류 I에 대입하면 $W=\dfrac{E \times E}{R}=\dfrac{E^2}{R}$이 된다. 이 식에서 소비전력은 전압 E의 2제곱에 비례한다는 것을 알 수 있다.

교류의 경우 직류와 똑같은 소비전력을 발생시키는 전압을 실효값으로 생각한다.

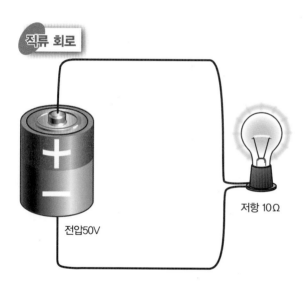

직류 회로

전압50V

저항 10Ω

$$전류 = \frac{50V}{10\ \Omega} = 5A$$

$$소비전력 = 50V \times 5A = 250W$$

교류 회로

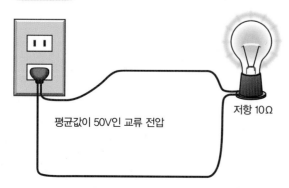

평균값이 50V인 교류 전압

저항 10Ω

소비전력은 직류와 똑같이 250W가 되지 않는다.

소비전력은 전압의 2제곱에 비례하기 때문이다.

실효값과 실효값를 구하는 방법

일반적으로 가정용 전원은 220V가 들어온다. 그러나 이 220V는 직류 전원과 똑같은 220V가 아니다. 교류 전원의 220V는 정현파 교류의 실효값을 나타낸다. 예를 들면, 220V 직류 전원으로 포트의 물을 데웠을 때 1분 동안 1℃ 온도가 올라갔다고 하자.

이 포트에 교류 전원을 연결했을 때 1분 동안 1℃ 온도를 높인 전압이 실효값 220V의 전압이 되는 것이다. 실효값 $Vrms$는 $Vrms = \dfrac{1}{\sqrt{2}} Vm$으로 구한다.

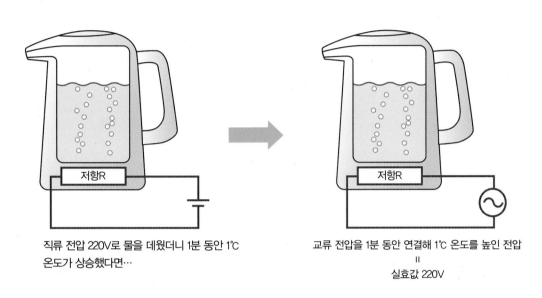

직류 전압 220V로 물을 데웠더니 1분 동안 1℃ 온도가 상승했다면…

교류 전압을 1분 동안 연결해 1℃ 온도를 높인 전압
$=$
실효값 220V

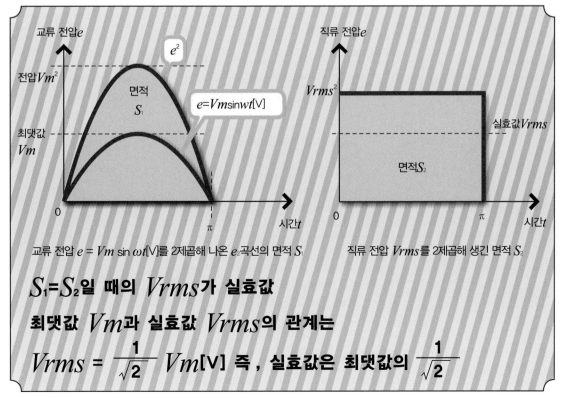

교류 전압 $e = Vm \sin \omega t$[V]를 2제곱해 나온 e_2곡선의 면적 S_1

직류 전압 $Vrms$를 2제곱해 생긴 면적 S_2

$S_1 = S_2$일 때의 $Vrms$가 실효값

최댓값 Vm과 실효값 $Vrms$의 관계는

$Vrms = \dfrac{1}{\sqrt{2}} Vm$[V] 즉, 실효값은 최댓값의 $\dfrac{1}{\sqrt{2}}$

한국과 프랑스·일본의 정현파 교류 비교

정현파 교류에는 크기. 주파수. 위상이 있다.

크기와 주파수가 다른 교류

교류의 크기가 다르다는 것은 최댓값이 다르다는 뜻이다. 예를 들면, 한국에서는 주파수가 60Hz이고 최댓값이 약 311V인 교류가 공급되고 있다.

프랑스에서는 주파수가 50Hz이고 최댓값이 약 311V인 교류가 공급되고 있다. 이 프랑스의 교류와 일본 동부로 공급되고 있는 교류를 비교해 보겠다.

주기는 양쪽 모두 50Hz로 똑같지만 일본의 교류 최댓값은 약 141V이므로 최댓값이 크게 다르다.

또한 일본에는 50Hz와 60Hz의 정현파 교류가 있다. 이 2가지 교류의 최댓값는 똑같지만 주파수가 다르므로 주기가 약간 차이가 난다.

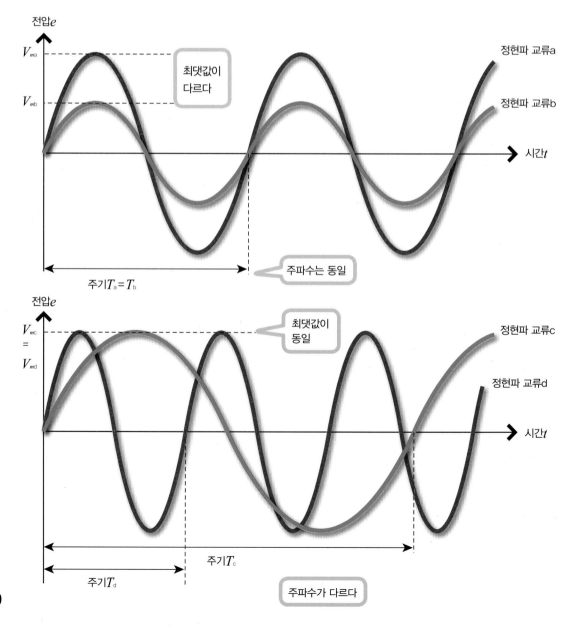

🔲 위상이 다른 교류

시간이 어긋나 있는 2개의 교류를 **위상(位相)**이 다른 교류라고 한다.

자계 안의 같은 위치에 길이가 똑같은 코일A와 B를 θ [rad]만큼 어긋나게 배치하고 동시에 회전시키면 코일A와 코일B의 기전력은 θ [rad]만큼 어긋나 진행된다. 이때 코일A와 코일B의 정현파 교류

는 최댓값과 주파수는 같지만 시간적으로 차이가 발생한다. 이와 같은 교류가 **위상이 다른 교류**다.

아래 그림의 정현파 교류 e와 정현파 교류 f는 위상이 $\frac{\pi}{2}$ 만큼 어긋나 있다.

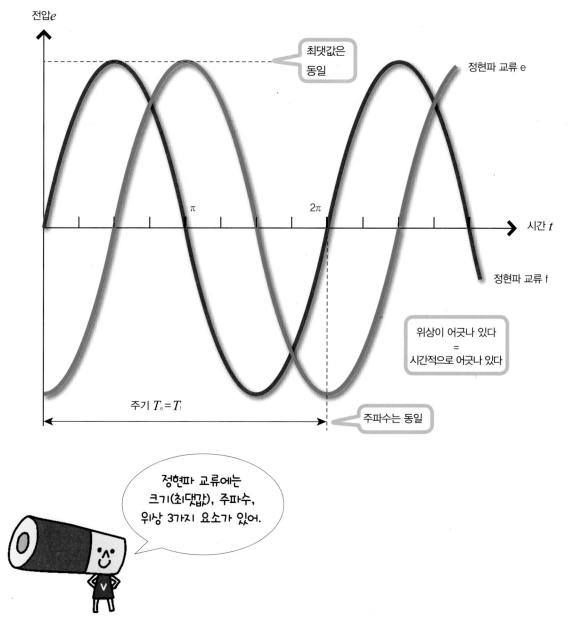

정현파 교류의 위상과 위상각

교류의 시간적인 차이를 위상차(위상각)라고 하며, 각도로 나타낸다.

⬛ 위상의 크기, 위상각

위상이 다른 교류인 정현파의 차이 즉, 시간적인 차이를 **위상차**나 **위상각**이라고 한다. 이것은 각도 [rad]로 나타낸다.

아래 그림의 정현파 교류a와 정현파 교류b는 위상이 $\frac{\pi}{4}$ 만큼 어긋나 있다. 정현파 교류a를 기준으로 정현파 교류b는 $\frac{\pi}{4}$ 만큼 늦다.

이 위상의 차이는 $\frac{\pi}{4}$ [rad] 라는 각도로 나타낸다. 차이를 원으로 나타내는 경우 기준이 되는 정현파 a 에 대해 오른쪽 회전 위치에 정현파 교류 b를 둔다.

위상각(위상차)은 기준으로 삼는 교류를 정한 후 상대적으로 나타낸다.

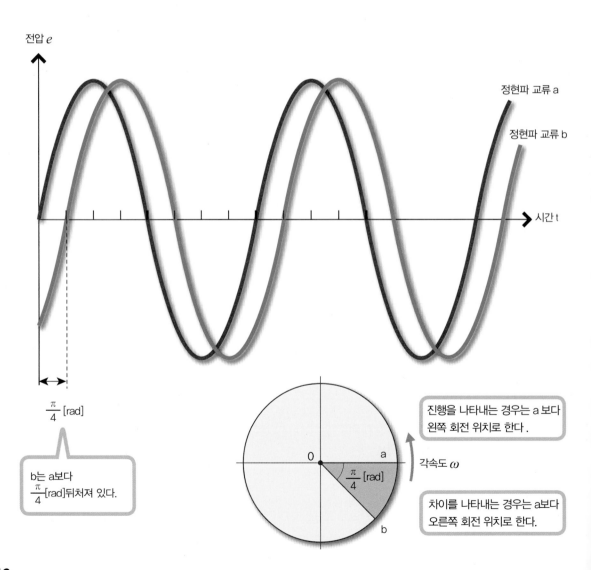

전압 e

정현파 교류 a

정현파 교류 b

시간 t

$\frac{\pi}{4}$ [rad]

b는 a보다 $\frac{\pi}{4}$[rad]뒤처져 있다.

진행을 나타내는 경우는 a 보다 왼쪽 회전 위치로 한다.

각속도 ω

차이를 나타내는 경우는 a보다 오른쪽 회전 위치로 한다.

0   a

$\frac{\pi}{4}$ [rad]

b

위상각의 표현

위상각은 π[rad]까지로 나타낸다. 아래 그림에서 왼쪽 2개 정현파 교류의 위상각은 $\frac{3\pi}{4}$ [rad]라는 표현을 사용해도 문제는 없지만, 오른쪽 2개 정현파 교류의 위상각은 $\frac{5\pi}{4}$ [rad]라고 표현하지 않는다. 왼쪽과 마찬가지로 $\frac{3\pi}{4}$ [rad]다.

이런 경우 때문에 위상각은 「나아가 있다」「뒤져

있다」라고 표현한다. 왼쪽 정현파 교류c와 d의 위상각은 d를 기준으로 「c는 d보다 $\frac{3\pi}{4}$ [rad] 나아가 있다」라고 표현하며, 오른쪽 정현파 교류e와 f의 위상각은 f를 기준으로 「e는 f보다 $\frac{3\pi}{4}$ [rad] 뒤져 있다」라고 표현한다.

위상각은 π [rad] 까지 표현해.

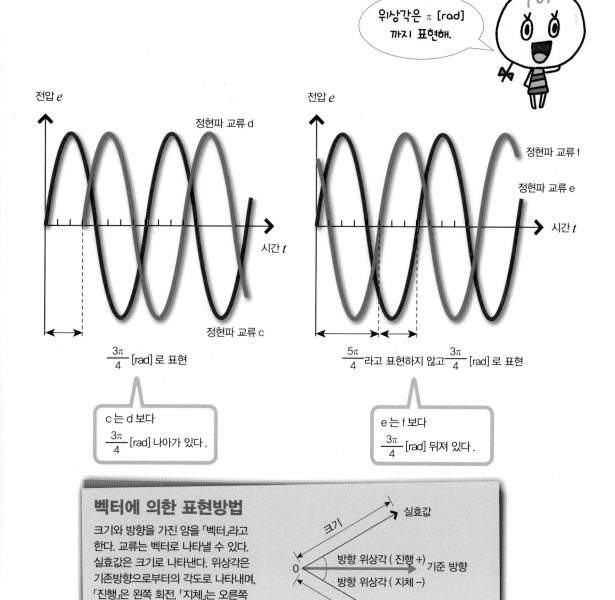

전압 e
정현파 교류 d
시간 t
정현파 교류 c

$\frac{3\pi}{4}$ [rad] 로 표현

c 는 d 보다 $\frac{3\pi}{4}$ [rad] 나아가 있다.

전압 e
정현파 교류 f
정현파 교류 e
시간 t

$\frac{5\pi}{4}$ 라고 표현하지 않고 $\frac{3\pi}{4}$ [rad] 로 표현

e 는 f 보다 $\frac{3\pi}{4}$ [rad] 뒤져 있다.

벡터에 의한 표현방법

크기와 방향을 가진 양을 「벡터」라고 한다. 교류는 벡터로 나타낼 수 있다. 실효값은 크기로 나타낸다. 위상각은 기존방향으로부터의 각도로 나타내며, 「진행」은 왼쪽 회전, 「지체는 오른쪽 회전으로 잡는다

크기 — 실효값
방향 위상각 (진행 +) 기준 방향
방향 위상각 (지체 −)
크기 — 실효값

인덕턴스란 무엇인가?

교류에 접속된 코일은 저항으로 작용한다.

자기 유도 작용과 인덕턴스

코일에 전류를 흘려 보내면 코일에는 자계가 발생한다. 직류는 전류의 크기나 방향이 일정하므로 발생한 자계에는 변화가 없다. 그러나 교류를 흘려 보냈을 경우 전류의 변화에 의해 자계가 변화해 전자 유도 작용으로 인해 기전력이 생긴다. 이 현상을 **자기 유도 작용**이라고 한다. 또한 이 기전력을 **자기 유도 기전력**이라고 한다.

자기 유도 작용은 코일의 크기나 권수 등에 의해 자기 유도 기전력이 결정된다. 이 코일의 특성을 **인덕턴스(Inductance)**라고 한다. 인덕턴스의 기호는 L이고, 단위는 헨리[H]이다.

자기 유도 기전력은 전류의 변화를 방해하려는 방향으로 발생하기 때문에 저항 같은 작용을 한다. 이 저항 작용을 **유도 리액턴스(Reactance)**라고 한다. 단위는 [Ω]이다.

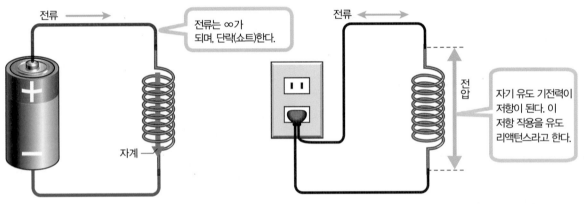

전류는 ∞가 되며, 단락(쇼트)한다.

자기 유도 기전력이 저항이 된다. 이 저항 작용을 유도 리액턴스라고 한다.

코일에 전류를 흘려보내면 자계가 발생한다. 직류는 전류가 변화하지 않으므로 자계도 변화하지 않는다. 이때의 코일 저항은 거의 0[Ω]이다.

코일에 전류를 흘려보내면 전류가 변화하기 때문에 자계도 변화한다. 이 변화를 없애는 방향으로 기전력이 유도된다. 자기 유도 기전력은 저항과 같은 작용을 한다.

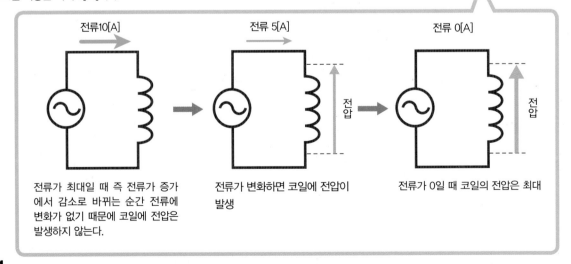

전류가 최대일 때 즉 전류가 증가에서 감소로 바뀌는 순간 전류에 변화가 없기 때문에 코일에 전압은 발생하지 않는다.

전류가 변화하면 코일에 전압이 발생

전류가 0일 때 코일의 전압은 최대

자기 유도 기전력과 전류의 관계

아래의 정현파 교류는 회로에 흐르는 전류의 양과 자기 유도 기전력의 전압 높이다. 회로에 흐르는 전류의 변화가 없는 부분에서 자기 유도 기전력은 0이 되며, 회로에 흐르는 전류의 변화가 최대인 부분에서 자기 유도 기전력이 최대가 된다는 것을 알 수 있다.

또한 회로에 흐르는 전류와 자기 유도 기전력은 같은 주파수의 정현파라도 위상이 $\frac{\pi}{2}$ 만큼 어긋난다.

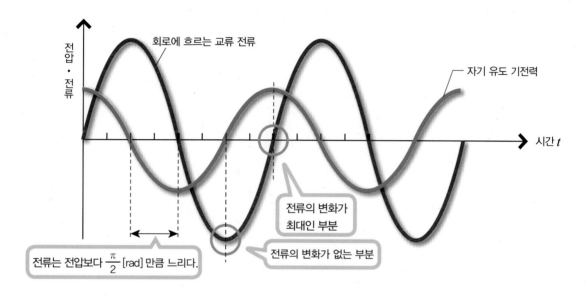

유도 리액턴스의 특징

코일에 의한 유도 리액턴스는 X_L기호로 나타내며, 단위는 [Ω]이다. 유도 리액턴스는 교류 주파수에 비례한다. 그 때문에 주파수가 높아지면 유도 리액턴스는 커지며, 회로에 전류가 흐르기 어려워진다. 반대로 주파수가 낮으면 유도 리액턴스는 작아지며, 전류는 흐르기 쉬워진다.

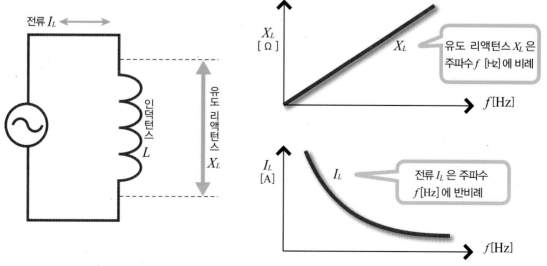

자기(自己) 유도

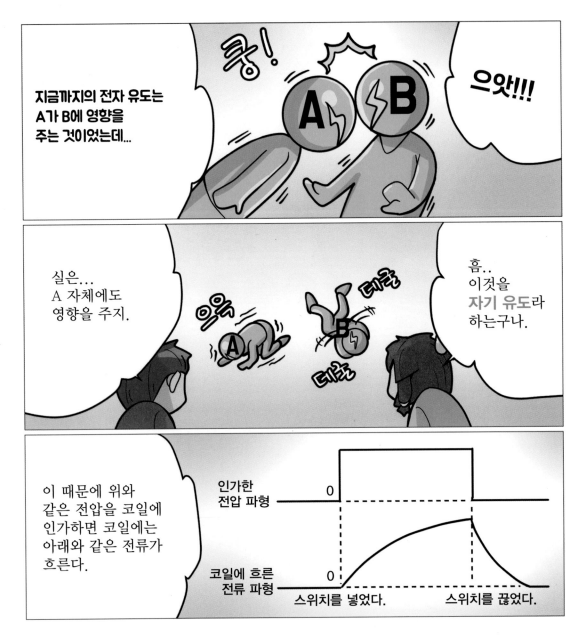

    전자 유도는 코일 A의 전압 변화는 코일 A 자체에도 영향을 준다. 이 현상을 **자기 유도**라고 한다. 코일을 연결한 회로에 전압을 인가하면 급격한 전압 상승이 일어나므로 이를 방해하려고 코일 자체에도 유도 전압이 발생한다.

    또 전원을 끄면 이번에는 급격하게 전압이 내려가므로 이를 방해하는 방향으로 유도 전압이 발생한다. 그래서 코일에 직류 전압을 인가하면 전류는 서서히 상승하여 일정한 값에서 안정되고 전원을 끄면 서서히 내려가 0이 되는 성질을 나타낸다.

콘덴서의 충전과 방전의 작용은?

콘덴서는 자유전자를 저장함으로써 충전한다.

전하를 저장하는 콘덴서

콘덴서는 절연체를 금속판(전극)사이에 끼워서 만드는데 금속판에 전기를 충전할 수 있다. 콘덴서의 2개 극성에 전지로 전압을 가하면 전지의 플러스극에 접속된 전극 M에서는 자유전자가 쿨롱 힘에 의해 끌려가게 되어 감소한다. 그 결과, 플러스로 대전된다. 전극 L에는 플러스로 대전된 전극 M에서 유출된 자유전자가 모임으로서 전극 M과 L에는 전위차가 생긴다. 전극 사이의 절연체 안에서는 정전유도에 의해 전극쪽으로 마이너스 전하가 모이고 전극 L쪽에 플러스 전하가 모이는 상태가 된다. 이처럼 극성이 나누어지는 것을 **분극(分極)**이라고 한다. 콘덴서는 이와 같은 구조를 통해 충전한다.

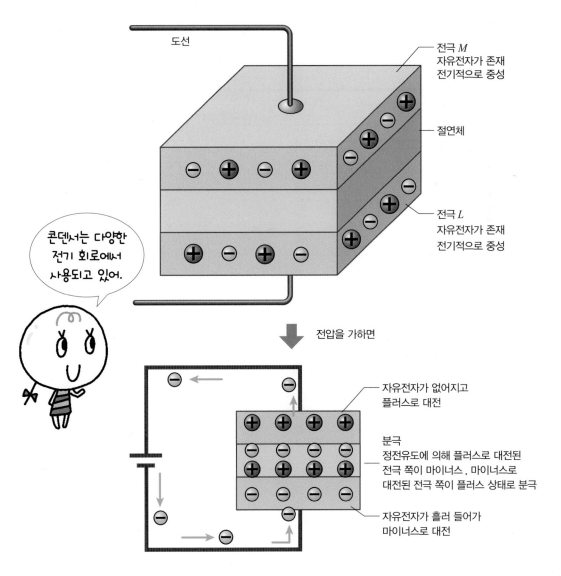

콘덴서는 다양한 전기 회로에서 사용되고 있어.

도선

전극 M
자유전자가 존재
전기적으로 중성

절연체

전극 L
자유전자가 존재
전기적으로 중성

전압을 가하면

자유전자가 없어지고 플러스로 대전

분극
정전유도에 의해 플러스로 대전된 전극 쪽이 마이너스, 마이너스로 대전된 전극 쪽이 플러스 상태로 분극

자유전자가 흘러 들어가 마이너스로 대전

167

콘덴서의 충전과 방전

콘덴서의 충전은 전극의 전위차가 전기의 전압과 똑같아졌을 때 전하의 이동이 없어지면서 완료된다. 충전된 상태에서는 각 전하가 서로 끌어당기기 때문에 전지를 분리하더라도 충전 상태가 유지된다.

충전된 콘덴서에 저항을 연결하면 마이너스로 대전된 전극에서 저장되었던 자유전자가 이동한다. 이 상태를 **방전(放電)**이라고 한다. 콘덴서는 전기를 한꺼번에 방전할 수 있다. 예를 들어 사진 촬영에 사용하는 스트로보는 이 콘덴서를 이용한 것이다.

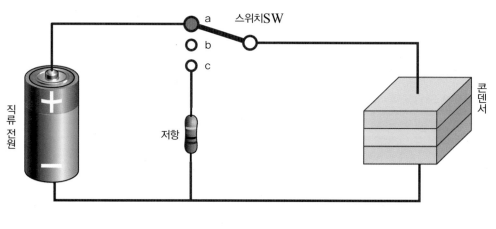

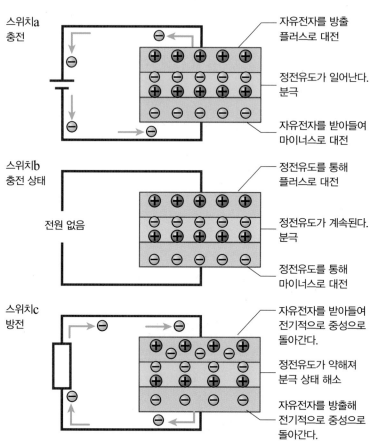

콘덴서의 역할

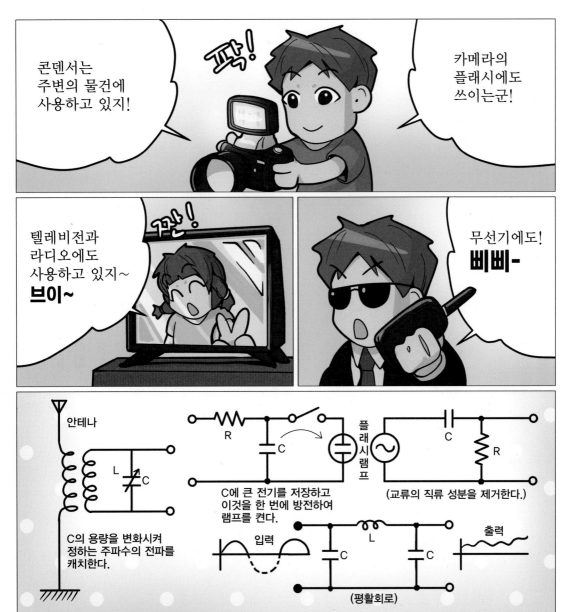

콘덴서는 저장한 전기를 순간적으로 사용하는 카메라의 플래시 램프 전원이나 교류에 걸린 직류 부분을 제거하는 회로에도 사용한다. 코일과 함께 사용하여 다이오드 등으로 정류된 맥류 간격을 좁혀 매끄러운 직류로 만드는(평활) 역할도 한다.

또, 코일과 병용하여 특정 주파수의 신호만을 꺼내거나 필요가 없는 주파수의 신호를 제거하기도 한다. TV나 라디오에서 채널을 맞추는 것도 이 콘덴서(또는 코일)를 조절하여 주파수를 선택하는 것이다.

콘덴서의 정전 용량이란?

전극의 면적, 전극 사이의 거리, 절연체의 종류에 따라 바뀐다. 또한 콘덴서는 교류를 흐르게 한다

콘덴서의 정전 용량

콘덴서에 저장되는 전기량을 **정전 용량** 또는 **커패시턴스(Capacitance)**라고 한다. 기호는 C로 나타내며, 단위는 패럿[F]이다. 1F의 콘덴서는 1V의 전압을 가했을 때 1C의 전하를 저장할 수 있다.

콘덴서의 정전 용량은 전극 면적이 클수록, 전극 사이가 좁을수록 커진다. 콘덴서의 전극 면적을 S, 전극 사이의 거리를 l, 절연체의 유전율을 ε으로 치면 정전 용량 C는 $C = \dfrac{\varepsilon \times S}{l}$로 구할 수 있다. 또한 저장되는 전하량은 전하 = 정전 용량 × 전압으로 구할 수 있다. 유전율(誘電率)이란 절연체의 전기를 모아두는 정도를 나타낸다. 정전 용량은 절연체의 유전율에 따라서도 바뀌며, 유전율이 클수록 정전 용량은 커진다.

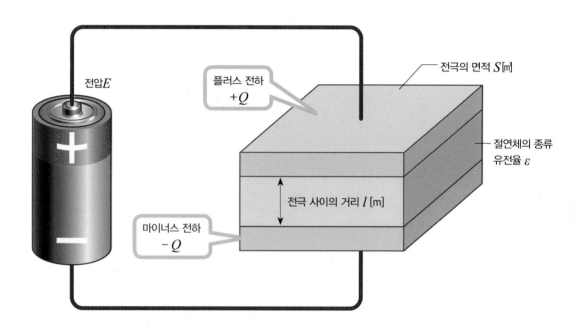

$$\text{전하 } Q \text{ [C]} = \text{정전 용량 } C \text{ [F]} \times \text{전압 } E \text{ [V]}$$

$$\text{정전 용량 } C \text{ [F]} = \frac{\text{유전율} \varepsilon \times \text{면적} S \text{ [m}^2\text{]}}{\text{전극사이의 거리 } l \text{ [m]}}$$

대표적인 콘덴서의 절연체

콘덴서에 사용되는 절연체에는 다양한 것들이 있다. 오른쪽 표는 콘덴서의 절연체에 사용되는 소재와 그 유전율이다.

소재	크라프트지	파라핀	폴리스틸렌	알루미늄
유전율	2.9	2.2	2.6	8.5

콘덴서와 직류·교류

직류 회로에서 콘덴서를 사용했을 경우, 콘덴서의 충전이 완료되면 전류는 흐르지 않지만 교류 회로에서는 흐른다. 그 이유는 교류 전원은 전압 크기와 방향이 주기적으로 변화하고 있기 때문이다. 아래

그림처럼 교류에서는 콘덴서가 방전과 충전을 반복한다. 콘덴서 자체를 자유전자는 통과하지 않지만 교류가 흐르고 있는 것처럼 보이기 때문에 교류에서는 콘덴서가 전류를 흘린다고 표현한다.

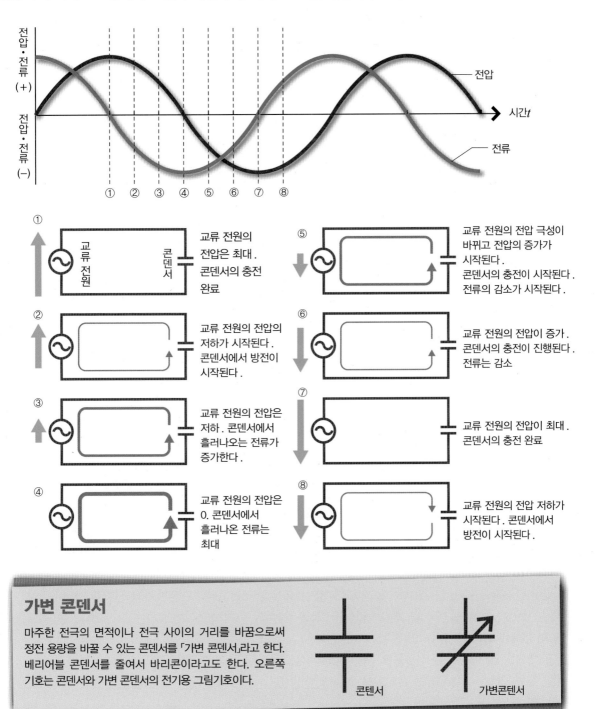

가변 콘덴서

마주한 전극의 면적이나 전극 사이의 거리를 바꿈으로써 정전 용량을 바꿀 수 있는 콘덴서를 「가변 콘덴서」라고 한다. 베리어블 콘덴서를 줄여서 바리콘이라고도 한다. 오른쪽 기호는 콘덴서와 가변 콘덴서의 전기용 그림기호이다.

콘텐서   가변콘텐서

콘덴서

절연물을 두 장의 평행한 도체판 사이에 끼운 것을 **콘덴서**라 한단다. **으으윽~**

ㅋㅋㅋ

ㅋㅋㅋ

도체판의 사이에 끼운 절연물을 **유전체**라 하지!

끄응...

유전체

끼익

끼익

    평행한 2장의 도체 판 사이에 절연물을 끼운 것을 **콘덴서**라고 한다. 콘덴서에 전지를 연결하면 전류는 흐르지 않고 절연물에 그림과 같이 (+)쪽과 (−)쪽이 규칙적으로 정렬하는 **유전 분극** 현상으로 도체 판에는 각각 (+)와 (−)의 전기가 저장된다.

    저장되는 전기의 양은 절연물로 결정되며, 저장되는 비율을 정전 용량(C)이라 한다. 정전 용량 C, 인가하는 전압 V, 저장되는 전기량을 Q라고 하면 「$Q = CV$」의 관계가 있으며, 정전 용량의 단위는 F(패럿), F의 10만분의 1을 μF라고 한다.

콘덴서에 전지를 연결하면 **유전 분극**이라는 현상이 일어나 2개의 도체 판에 각각 (+)와 (−)의 전기가 저장된단다.

콘덴서의 회로 기호

가변 콘덴서의 회로 기호
(용량을 바꿀 수 있는 콘덴서)

저장되는 전기의 양은 도체 판 사이에 끼운 절연물의 절연 정도에 따라 결정되는구나!

그렇다면 저장되는 전기량 Q는 전기를 저장하는 율이며, **정전 용량C × 전압V** 로 계산되겠어요!

콘덴서의 전압과 전류의 관계는?

교류에 접속된 콘덴서는 저항으로 작용한다.

용량 리액턴스

콘덴서에 전압을 가하면 충전된다. 직류 전원은 콘덴서를 충전할 수는 있지만 전압에 변화가 없기 때문에 전류는 흐르지 않는다. 교류 전원은 전압의 높이나 방향이 변화하기 때문에 전류를 흐르게 한다. 콘덴서가 충전된다는 것은 그곳에 전위차(전압)가 생기고 있다는 뜻이다. 이 콘덴서의 전압은 저항 작용을 가진다. 이 저항 작용을 **용량 리액턴스**라고

한다. 기호는 X_C이고, 단위는 [Ω]이다.

이 용량 리액턴스나 코일에 의한 유도 리액턴스 등의 저항 같은 작용을 **임피던스(Impedance)**라고 한다. 임피던스는 교류 회로에서 전류가 흐르기 어려운 정도를 나타낸다.

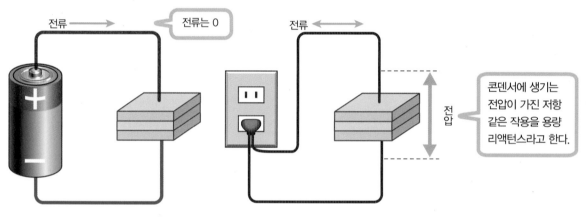

전류 → | 전류는 0

전류 ↔

전압

콘덴서에 생기는 전압이 가진 저항 같은 작용을 용량 리액턴스라고 한다.

콘덴서에 직류를 흘려보내면 충전은 되지만 전류는 흐르지 않는다.

콘덴서에 교류를 흘려보내면 충전되어 전압이 생긴다. 이 전압이 회로에 흐르는 전류의 저항이 된다.

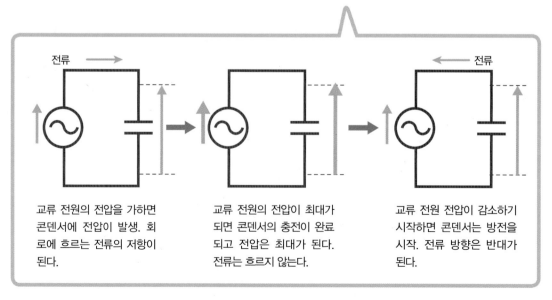

전류 →

← 전류

교류 전원의 전압을 가하면 콘덴서에 전압이 발생. 회로에 흐르는 전류의 저항이 된다.

교류 전원의 전압이 최대가 되면 콘덴서의 충전이 완료되고 전압은 최대가 된다. 전류는 흐르지 않는다.

교류 전원 전압이 감소하기 시작하면 콘덴서는 방전을 시작. 전류 방향은 반대가 된다.

콘덴서의 전압과 전류의 관계

아래의 정현파 교류는 회로에 흐르는 전류의 양과 콘덴서에 발생하는 전압의 높이다. 콘덴서의 전압이 최대인 부분에서 회로에 흐르는 전류가 0이 되고 콘덴서 전압이 0인 부분에서 회로에 흐르는 전류가 최대가 된다는 것을 알 수 있다.

또한 회로에 흐르는 전류와 콘덴서의 전압이 동일한 주파수의 정현파라도 위상이 $\frac{\pi}{2}$ 만큼 어긋나 있다.

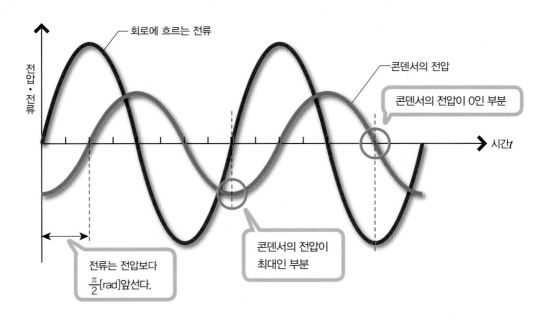

용량 리액턴스의 특성

용량 리액턴스는 교류 주파수에 반비례한다. 그 때문에 주파수가 높아지면 용량 리액턴스는 작아지고 회로에 전류가 흐르기 쉬워진다. 반대로 주파수가 낮아지면 용량 리액턴스는 커지고 전류는 흐르기 어려워진다.

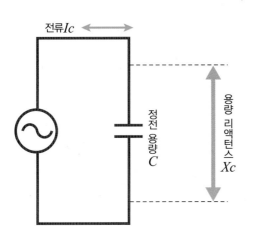

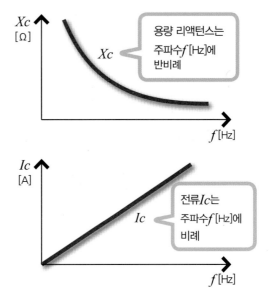

반도체의 종류와 성질

반도체는 절연체와 도체의 중간적인 성질을 갖고 있다. 반도체에는 1개의 원소로 된 **원소 반도체**(게르마늄이나 실리콘 등)와 2개 이상의 원소로 된 **화합물 반도체**(칼륨과 비소 화합물 등)가 있다.

순도가 높은 실리콘은 상온에서는 전기가 통하지 않는 절연체가 되지만 온도를 높이면 도체가 된다. 또한 실리콘에 인 등과 같은 특정 불순물을 소량이라도 추가하면 도체가 된다. 불순물이 들어가지 않는 반도체를 **진성 반도체**라고 하며, 불순물을 넣은 반도체를 **불순물 반도체**라고 한다.

원소 반도체의 가전자는 4개다. 여기에 가전자가 5개인 원소를 추가한 불순물 반도체를 「N형 반도체」라고 하며, 가전자가 3개인 원소를 추가한 불순물 반도체를 **P형 반도체**라고 한다. N형 반도체를 만들기 위해 추가하는 불순물을 **도너**, P형 반도체를 만들기 위해 추가하는 불순물을 **억셉터**라고 한다.

진성 반도체(온도가 낮을 때의 실리콘)

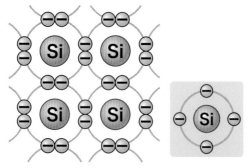

실리콘은 가전자를 4개 가지며, 최대 8개의 전자를 받아들인다. 인접한 원자는 전자를 2개씩 공유해 결합한다. 자유전자가 없기 때문에 절연체이다.

진성 반도체(온도가 높을 때의 실리콘)

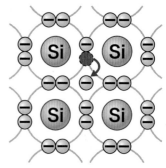

실리콘의 가전자는 온도가 높아지면 원자가 진동하기 때문에 뛰어나가 자유전자가 된다. 그 때문에 실리콘은 도체가 된다.

N형 반도체(실리콘에 인을 추가했을 경우)

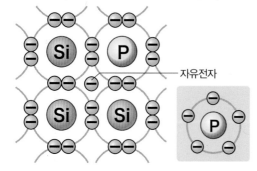

자유전자

인은 가전자를 5개 갖고 있다. 그중 4개는 실리콘의 가전자와 공유해 결합하지만 1개는 자유전자가 된다.

P형 반도체(실리콘에 붕소를 추가했을 경우)

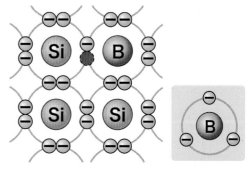

붕소는 가전자를 3개 갖고 있다. 실리콘의 가전자와 공유해 결합하면 전자가 부족한 곳이 생긴다. 이곳을 「정공(홀)」이라고 한다.

반도체

저항값이 큰 부도체와 작은 도체와의 중간 성질을 가진 것을 **반도체**라고 한다.

예를 들면, 물질에는 도체, 부도체 외에 절대 영도(−273℃)일 때는 완전한 공유 결합이므로 자유 전자를 갖지 않지만, 온도가 올라가 원자의 진동이 심해지면 자유 전자가 튀어나가 도체의 성질을 나타내는 것이 있다. 이러한 성질을 가진 것을 **진성 반도체**라고 한다. 크롬, 코발트 등의 산화물을 혼합하여 만드는 온도 센서 **서미스터**는 그 대표적인 것이다.

물질에는 도체, 부도체 외에 절대 영도 즉 −273℃일 때는 자유 전자를 갖지 않으나, 온도가 올라가면 자유 전자가 튀어 나오는 것이 있단다.

아래 그림에서 반도체를 설명하지.

이것을 진성 반도체라 해요− 윽−

저항률(단위 면적에 대한 저항값)

[Ωm]

부도체 ━━▶┃◀━ 반도체 ━▶┃◀━ 도체

10^{10} 10^{8} 10^{6} 10^{4} 10^{2} 10^{-2} 10^{-4} 10^{-5} 10^{-8} 10^{-10}

다이아몬드 베이클라이트 실리콘 게르마늄 니크롬선 은·등

진성 반도체의 성질

온도가 높아지면 튀어나간다.

Ge ① ② ③ ④

Ge 게르마늄
● 전자
○ 전자가 빠져나온 개소

①의 전자가 튀어나간 곳에 ②의 전자가 들어가고, ②의 전자가 튀어나간 곳에 ③의 전자가 들어가서 잇따라 전자가 이동하게 되어 도체의 성질을 발휘한다.

N형 반도체와 P형 반도체의 전류 운반수단

N형 반도체에는 자유전자가 있다. 도체와 마찬가지로 전압을 가하면 자유전자가 플러스극으로 이동한다(전류가 흐르는 상태). 자유전자 같은 전하의 운반수단이 되는 것을 **캐리어**라고 한다. 마이너스(음) 전하를 가진 자유전자가 캐리어가 되기 때문에, N형 반도체(Negative=음)라고 한다.

P형 반도체에는 전자가 부족한 곳인 정공(홀)이 있다. 마이너스 전하인 전자가 부족한 곳이므로 정공은 플러스 전하를 가진다고 표현할 수 있다. P형 반도체에서는 자유전자가 이웃한 정공을 이동시키는데 이것은 정공이 이동하는 것처럼 보이므로 정공을 P형 반도체의 캐리어로 취급한다. 플러스(양)의 전하를 가진 정공이 캐리어가 되기 때문에P형 반도체(Positive=양)라고 한다.

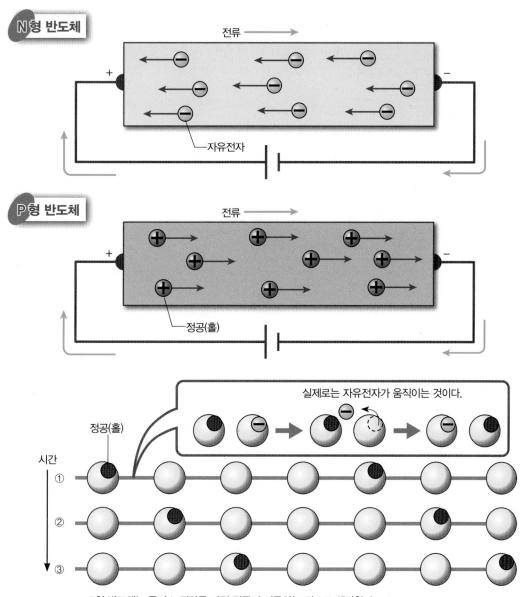

P형 반도체는 플러스 전하를 가진 정공이 이동하는 것으로 생각한다.

불순물 반도체와 N형 반도체

불순물을 소량 첨가하여 자유 전자를 만들고 도체의 성질을 높인 반도체를 **불순물 반도체**라고 한다. 예를 들면, 게르마늄은 각각의 가전자를 4개씩 공유 결합하여 전기가 통하기 어려우나 이중에 가전자 5개를 가진 인이나 비소를 소량 첨가하면 게르마늄과 결합하여 남은 1개의 가전자는 자유 전자가 되어 날아다닌다. 이와 같이 (−) 성질을 나타내는 여분의 전자를 만들어 도체의 성질을 갖게 하는 반도체를 **N형 반도체**라 한다.

P형 반도체

게르마늄에 3개의 가전자를 가진 갈륨이나 이리듐을 소량 첨가하면 어떻게 될까?

오호~
자유 전자가 아니라 홀이 움직이는 P형 반도체가 되는군?

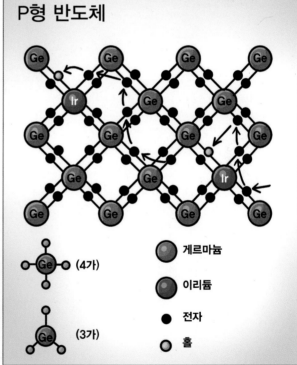

P형 반도체

(4가)

(3가)

게르마늄

이리듐

전자

홀

　게르마늄에 대해 3개의 가전자를 가진 갈륨이나 이리듐을 소량 첨가하면 어떻게 될까? 이때도 불순물은 게르마늄과 결합하지만 가전자가 4개인 게르마늄과 결합할 경우에 1개만 가전자가 부족하게 된다.

　그래서 주위의 전자가 부족한 구멍으로 들어가면 또 한 곳에서 전자가 부족해진다. 이 연쇄 반응으로 전자가 부족한 홀(정공)이 자유롭게 움직이는 듯한 성질을 나타낸다. 이 (+)전기의 성질을 나타내는 **홀을 가진 반도체를 P형 반도체**라 한다.

다이오드는 어떤 작용을 하는가?

다이오드는 순방향으로만 전류를 흘려보낸다.

PN 접합 다이오드

반도체를 사용한 전자부품을 **반도체 소자**라고 하며, P형 반도체와 N형 반도체를 접합한 반도체를 **PN접합 다이오드**라고 한다. P형 반도체에는 정공(홀)과 억셉터가 있으며, N형 반도체에는 자유전자와 도너가 있다. PN접합부 근처에서는 P형 반도체에 있던 정공 일부가 N형 반도체 안으로 이동하고 N형 반도체가 있던 자유전자의 일부가 P형 반도체 안으로 이동한다. 그리고 이동해온 정공과 자유전자가 결합한다. 그 결과, 접합부 근처에서는 전기의 운반수단인 정공과 자유전자가 없어짐으로써 P형 반

도체 쪽에는 정공을 잃고 마이너스에 이온화된 억셉터가 남으며, N형 반도체 쪽에는 자유전자를 잃고 플러스로 이온화된 도너가 남은 **공핍층(空乏層)**이라는 부분이 생긴다. 공핍층은 분극되어 있기 때문에 전위차가 있다. P형 반도체 쪽의 전극을 애노드, N형 반도체 쪽의 전극을 캐소드라고 한다.

PN접합 다이오드는 P형에서 N형으로는 전류가 흐르지만 N형에서 P형으로는 전류가 흐르지 않는다. 이와 같이 한 방향으로만 전류가 흐르는 것을 **정류작용(整流作用)**이라고 한다.

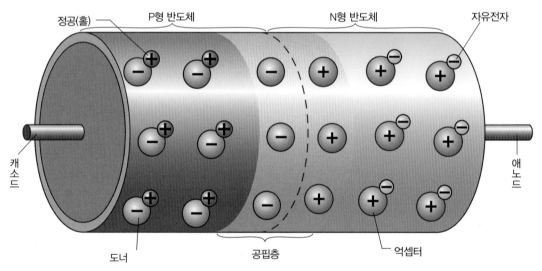

▲ PN 접합 다이오드

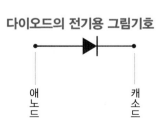

다이오드의 전기용 그림기호

애노드   캐소드

반도체 다이오드

N형과 P형 반도체를 접속하면 **반도체 다이오드**가 된단다.

전류가 흐르는 방향 →

다이오드의 회로 기호

N형과 P형을 접합하면 두 반도체의 경계인 P형 전자가 없는 곳에 N형 전자가 들어가서 부도체의 얇은 막을 만들지.

찍!

N형과 P형 반도체를 접합하면 P형의 전자가 없는 곳에 N형 속의 전자가 들어가 2개의 경계선에 부도체의 얇은 막을 만들어 전자와 홀을 양쪽으로 나누어 가둔다. 이 상태에서 N형에 (+)의 전압을 인가하면 전자와 홀은 모두 (+)극과 (-)극으로 끌려가 접합면의 저항이 커지므로 전류는 흐르지 않는다.

그러면 N형에 (-)의 전압을 인가하면 전자는 (+)극으로 당겨져 경계선의 부도체 막을 넘고, 또 (-)극에서 N형으로 전자가 제공되므로 전류가 흐른다. 이와 같은 것을 **반도체 다이오드**라고 한다.

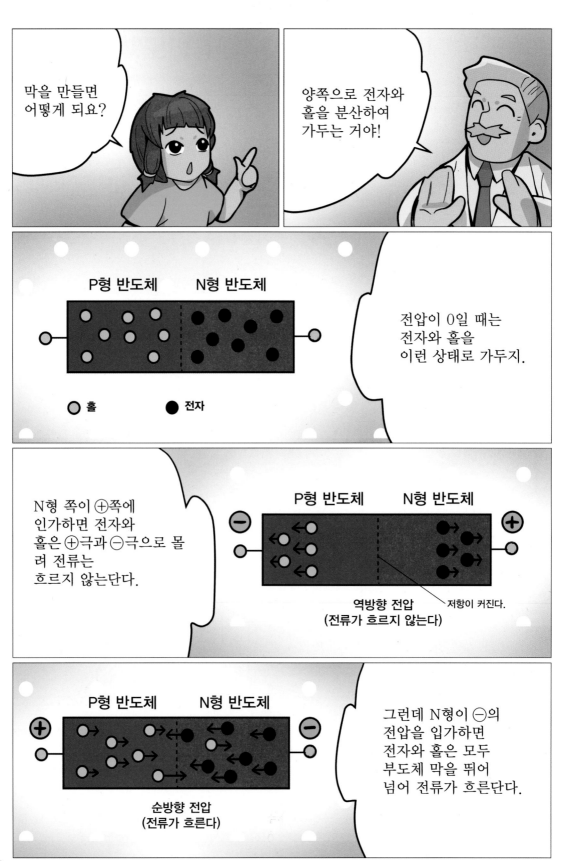

정류작용의 원리

전류가 흐르는 방향(P형에서 N형)으로 걸리는 전압을 **순방향 전압**이라고 한다. 반대로 전류가 흐를 수 없는 방향(N형에서 P형)으로 걸리는 전압을 **역방향 전압**이라고 한다.

PN접합 다이오드의 애노드에 직류 전원의 플러스극을 연결하고 캐소드 쪽에 마이너스극을 연결하면 순방향이 된다. 이렇게 하면 P형의 정공은 캐소드에 붙고 N형의 자유전자는 애노드로 붙는다. 정공과 자유전자가 이동함으로써 전류가 흐르는 상태가 된다.

애노드에 직류 전원의 마이너스극을 연결하고 캐소드에 플러스극을 연결하면 역방향이 된다. 역방향의 경우는 P형의 정공이 애노드로 붙고 N형의 자유전자는 캐소드로 붙는다. 이때는 공핍층이 넓어질 뿐, 전류는 흐르지 않는다.

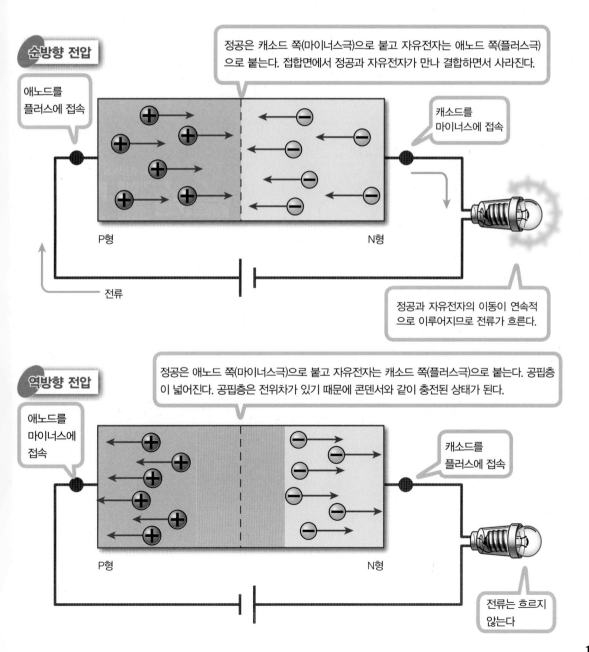

순방향 전압

정공은 캐소드 쪽(마이너스극)으로 붙고 자유전자는 애노드 쪽(플러스극)으로 붙는다. 접합면에서 정공과 자유전자가 만나 결합하면서 사라진다.

애노드를 플러스에 접속

캐소드를 마이너스에 접속

P형
N형

전류

정공과 자유전자의 이동이 연속적으로 이루어지므로 전류가 흐른다.

역방향 전압

정공은 애노드 쪽(마이너스극)으로 붙고 자유전자는 캐소드 쪽(플러스극)으로 붙는다. 공핍층이 넓어진다. 공핍층은 전위차가 있기 때문에 콘덴서와 같이 충전된 상태가 된다.

애노드를 마이너스에 접속

캐소드를 플러스에 접속

P형
N형

전류는 흐르지 않는다

다이오드의 정류(整流) 작용

그림과 같은 반도체 다이오드와 저항을 직렬로 연결한 회로에 교류 전압을 인가하면 저항의 양 끝에는 어떤 전압이 나타날까? 교류 전압이 (+)일 때 즉, A점이 B점보다 전위가 높을 때 다이오드에 전류가 흘러 저항값은 저항 R에 비해 매우 작아지므로 저항 R의 양 끝에는 교류 전압이 그대로 나타난다.

그러나 교류 전압이 (−)가 되면 다이오드에 전류를 흐르지 않으므로 저항 R의 양 끝의 전압은 항상 0으로 된다. 이 **정류 작용**은 2극 진공관의 경우와 같다.

교류 전압이 ⊕일 때 다이오드에 전류가 흘러 저항 R의 양 끝에는 교류 전압이 그대로 나타난다.

⊖가 되면 다이오드에 전류가 흐르지 않으므로 저항 R의 양 끝에 전압은 0이 되는 거야!

그럼 교류 전압이 ⊖가 되면 어떻게 되나요?

이 정류 작용은 마치 2극 진공관의 경우와 같단다.

정류 회로와 평활 회로의 차이는?

교류는 다이오드에 의해 직류로 변환된다.

반파 정류와 전파 정류

다이오드는 순방향으로 전류가 흐르고 역방향으로는 전류가 흐르지 않는다. 교류는 전압의 극이 주기적으로 변한다. 이 때문에 교류 전압을 다이오드에 가하면 다이오드는 교류의 플러스 부분에만 전류가 흐른다. 다이오드는 교류가 한 방향으로만 흐르므로 직류로 변환될 수 없다. 교류를 직류로 변환하는 것을 **정류(整流)**라고 하며, 그 회로를 **정류 회로**라고 한다.

1개의 다이오드에서 정현파 교류의 플러스 부분만을 통과시킴으로써 직류로 바꾸는 정류 회로를 **반파(半波)정류**라고 한다. 반파 정류에서는 정현파 교류의 마이너스 부분은 버려지지만 4개의 다이오드를 접속한 브리지 회로의 경우 정현파 교류의 마이너스 부분도 끌어낼 수 있다. 이와 같은 정류 회로를 **전파(全波)정류**라고 한다.

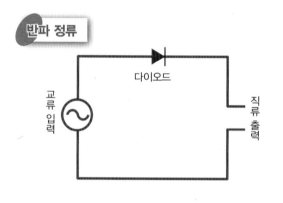

반파 정류

다이오드

교류 입력

직류 출력

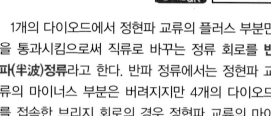

교류 입력

직류 출력

다이오드는 교류의 플러스 방향으로만 통과

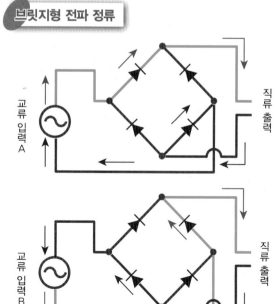

브릿지형 전파 정류

교류 입력 A

직류 출력

교류 입력 B

직류 출력

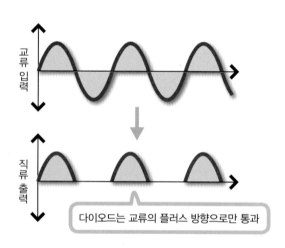

교류 입력

A A A
B B

직류 출력

A B A B A

교류의 방향이 A(플러스)일 때나 B(마이너스)일 때 모두 다이오드를 통과해 직류로 출력된다.

콘덴서에 의한 평활

다이오드는 교류를 직류로 변환해 전류의 방향을 일정하게 하지만 전압의 변화도 있다. 이와 같은 전류를 **맥류(脈流)**라고 한다. 전압이 일정하지 않기 때문에 직류 전원으로 사용할 수는 없다. 맥류를 직류에 가깝게 만드는 회로를 **평활(平滑)회로**라고 한다. 평활 회로는 콘덴서를 이용한다. 이와 같이 사용되는 콘덴서를 **평활 콘덴서**라고 한다.

콘덴서는 저장되어 있는 전압보다 큰 전압이 가해지면 충전하고 반대로 충전되어 있는 전압보다 낮은 전압이 가해지면 방전한다. 반파 정류 파형의 정점을 지나가면 교류 전원의 전압은 작아진다. 이때 콘덴서는 방전을 시작한다. 콘덴서의 방전이 전원전압의 감소를 보충하기 때문에 파형은 직선에 가까워진다.

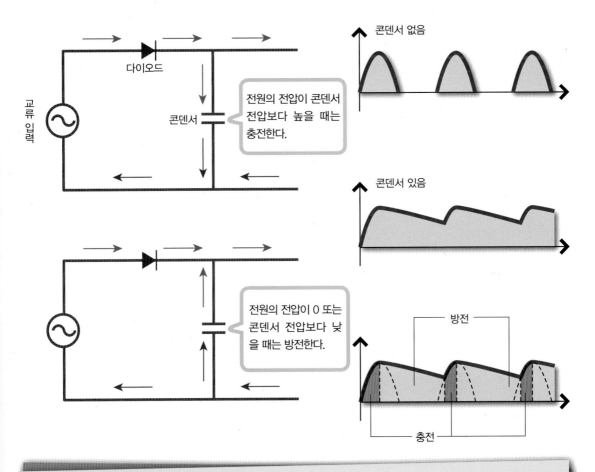

코일에 의한 평활

코일은 전류가 클 때는 전류의 흐름을 방해하려 하고 전류가 작을 때는 쉽게 흐르게 하려는 성질이 있다. 그 때문에 맥류의 전압 변화를 억제할 수 있다. 이 작용을 이용해 평활화하는 코일을 「초크 코일」 또는 「평활 코일」이라고 한다. 일반적으로 초크 코일은 평활 콘덴서와 같이 사용한다.

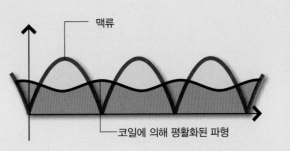

트랜지스터는 어떤 작용을 하는가?

트랜지스터는 전류의 증폭 작용과 스위칭 작용이 있다.

접합형 트랜지스터

스위치 작용이나 증폭 작용을 가진 반도체 소자를 **트랜지스터(Transistor)**라고 한다. 트랜지스터는 P형 반도체와 N형 반도체를 접합해 만든다. 바이폴러(Bipolar) 형과 전계(電界)효과 형(FET)이 있으며, 바이폴러형은 자유전자와 정공(홀)이 캐리어가 되고 FET는 자유전자와 정공(홀) 어느 한 쪽이 캐리어가 된다.

바이폴러형은 P형을 N형으로 끼운 NPN형이 많이 사용된다. 양쪽의 반도체에 있는 전극을 이미터(E), 컬렉터(C)라고 하며, 한 가운데 반도체에 있는 전극을 베이스(B)라고 한다. P형과 N형 접합부는 2개가 있으며, 이미터와 컬렉터의 전극을 연결해도 중간에 역방향 전압이 있기 때문에 전류는 흐르지 않는다. 전원의 플러스극을 베이스에 연결하고 마이너스극을 이미터나 컬렉터에 연결하면 전류가 흐른다.

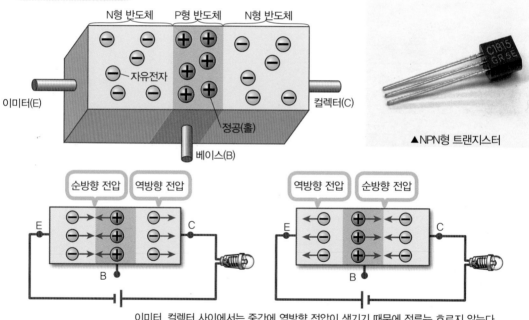

NPN형 트랜지스터

N형 반도체   P형 반도체   N형 반도체

자유전자

이미터(E)

컬렉터(C)

정공(홀)

베이스(B)

▲NPN형 트랜지스터

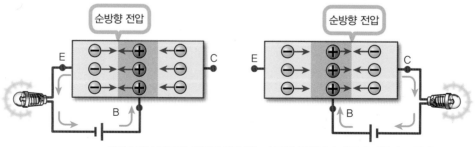

순방향 전압   역방향 전압

E   C

B

역방향 전압   순방향 전압

E   C

B

이미터, 컬렉터 사이에서는 중간에 역방향 전압이 생기기 때문에 전류는 흐르지 않는다.

순방향 전압

E   C

B

순방향 전압

E   C

B

베이스에서 이미터, 컬렉터 쪽으로는 순방향 전압이기 때문에 전류가 흐른다.
(베이스를 마이너스극으로 연결했을 경우, 전류는 흐르지 않는다)

트랜지스터의 구조

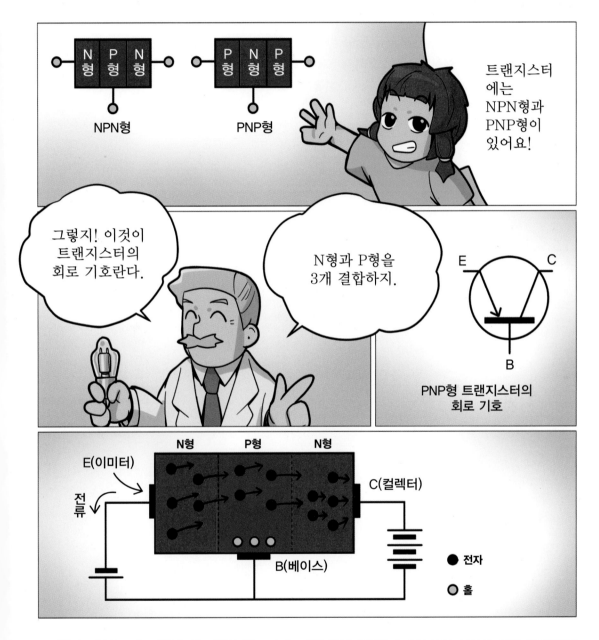

N형과 P형을 3개 결합된 샌드위치 구조이다. 예를 들면 P형을 2개의 N형 사이에 끼운 **NPN형**에 그림과 같이 전압을 인가하면 B점(베이스)과 C점(컬렉터) 사이에는 **역방향**의 전압이 인가되어 전자와 홀은 각각 분산된다.

한편, E점(이미터)과 B점 사이에는 **순방향**의 전압이 인가되므로 전자가 접합면을 통과하여 B점으로 들어가면 B점과 C점 사이의 전압에 이끌려 C점까지 침입한다. 그리고 C점의 전자와 결합하여 큰 전류를 만들어 낸다. E점과 B점 사이의 전압이 역방향이면 컬렉터 전류는 흐르지 않는다.

증폭 작용과 스위칭 작용

베이스와 이미터에 전압을 걸어 전류가 흐르고 있을 때 이미터와 컬렉터에 큰 전압을 걸면 이미터에서 베이스로 이동했던 자유전자가 컬렉터로도 흘러간다. 이것은 베이스의 반도체가 매우 얇아 자유전자가 컬렉터에 이어진 플러스극으로 끌려가기 때문이다. 베이스로 흐르는 전류를 **베이스 전류**, 컬렉터에 흐르는 전류를 **컬렉터 전류**라고 한다.

베이스 전류를 크게 하면 컬렉터로 이동하는 자유전자도 많아지고, 컬렉터 전류는 베이스 전류의 수십, 수백 배가 된다. 이것을 트랜지스터의 **증폭(增幅)작용**이라고 한다. 또한 베이스 전류를 온/오프 하면 컬렉터 전류도 온/오프 된다. 트랜지스터에는 **스위칭 작용**도 있다.

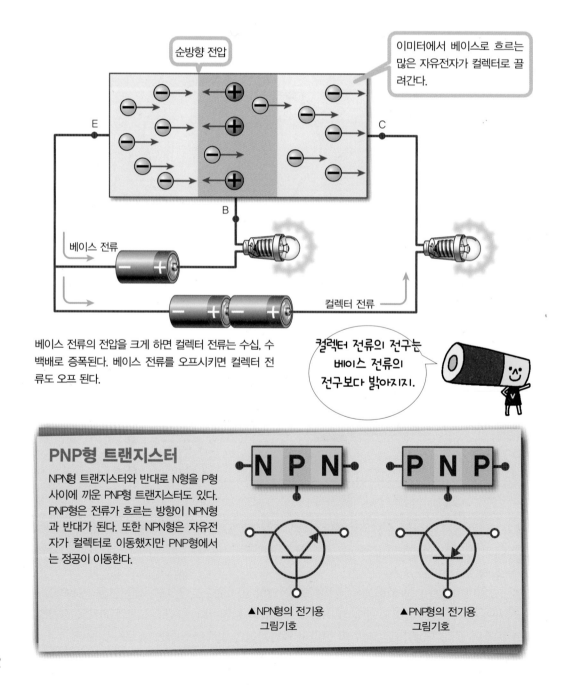

베이스 전류의 전압을 크게 하면 컬렉터 전류는 수십, 수백배로 증폭된다. 베이스 전류를 오프시키면 컬렉터 전류도 오프 된다.

컬렉터 전류의 전구는 베이스 전류의 전구보다 밝아지지.

PNP형 트랜지스터

NPN형 트랜지스터와 반대로 N형을 P형 사이에 끼운 PNP형 트랜지스터도 있다. PNP형은 전류가 흐르는 방향이 NPN형과 반대가 된다. 또한 NPN형은 자유전자가 컬렉터로 이동했지만 PNP형에서는 정공이 이동한다.

▲NPN형의 전기용 그림기호

▲PNP형의 전기용 그림기호

트랜지스터의 역할

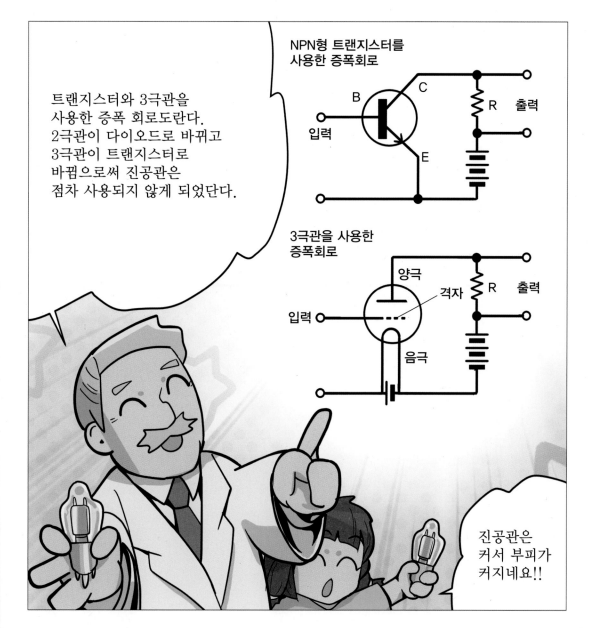

트랜지스터와 3극관을
사용한 증폭 회로도란다.
2극관이 다이오드로 바뀌고
3극관이 트랜지스터로
바뀜으로써 진공관은
점차 사용되지 않게 되었단다.

NPN형 트랜지스터를
사용한 증폭회로

3극관을 사용한
증폭회로

진공관은
커서 부피가
커지네요!!

  트랜지스터의 큰 특징은 베이스와 이미터 사이에 인가하는 전압으로 컬렉터에 흐르는 전류를 자유자재로 제어할 수 있다는 것이다. 베이스에 인가하는 작은 전압의 변화를 컬렉터와 이미터 사이에 출력되는 큰 전압의 변화로 바꿀 수 있다.

  이것을 **증폭 작용**이라고 하며, 3극관과 같은 작용을 한다. 3극관도 작은 격자 전압의 변화를 큰 (+)극 전압의 변화로 바꿀 수 있다. 그리고 2극관이 다이오드로, 3극관이 트랜지스터로 바뀌어 진공관은 점차 사용되지 않게 되었다.

전계 효과 트랜지스터는 어떤 작용을 하는가?

전계 효과형(FET) 트랜지스터는 전압으로 전류를 제어한다.

전계 효과형 트랜지스터

전계 효과형(FET) 트랜지스터는 자유전자와 정공(홀) 2가지 중 한 쪽을 캐리어로 삼는다. 유니폴라(Unipolar; 단극) 트랜지스터라고도 한다. FET에는 접합형 FET와 MOS형 FET가 있다.

접합형 FET는 N형 반도체에 P형 반도체가 채워진 형태로 되어 있다(N형과 P형이 반대인 것도 있다). N형 양쪽에 소스(S)와 드레인(D)이라는 전극이

있으며, P형에 게이트(G)라는 전극이 있다. 소스와 드레인에 전압을 걸면 자유전자가 캐리어가 되면서 전류가 흐른다. 이 전류가 지나는 길을 「채널」이라고 한다. 이때 게이트와 소스 사이에 역방향 전압을 걸면, 공핍층이 넓어진다. 그 때문에 채널이 좁아지고 소스와 드레인의 전류가 흐르기 어렵게 된다.

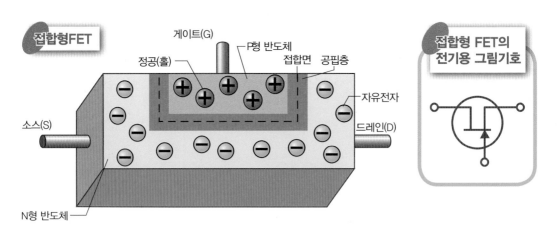

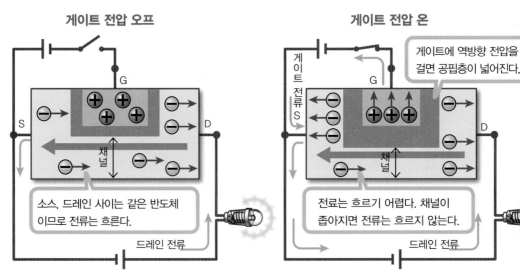

게이트 전압 오프 → 채널이 넓다 → 전류가 흐르기 쉽다.

게이트 전압 온 → 채널이 좁다 → 전류가 흐르기 어렵다.

MOS형 FET

MOS형 FET는 2개의 N형 반도체가 P형 반도체에 채워져 있다(N형과 P형이 반대인 것도 있다). 반도체의 표면은 금속산화물의 절연체로 덮여 있으며, 그 위에 전극의 게이트가 있다. 소스와 드레인 2개의 전극은 N형과 직접 접합되어 있지만 소스와 드레인에 전압을 걸더라도 P형과 N형의 접합부에 생긴 공핍층에 의해 전류는 흐르지 않는다.

게이트를 플러스극에 연결해 전압을 걸면 절연체에서 정전 유도가 일어나 채널이 만들어진다. 게이트 전압을 크게 하면 할수록 채널이 넓어져 소스와 드레인 사이를 흐르는 전류는 커진다.

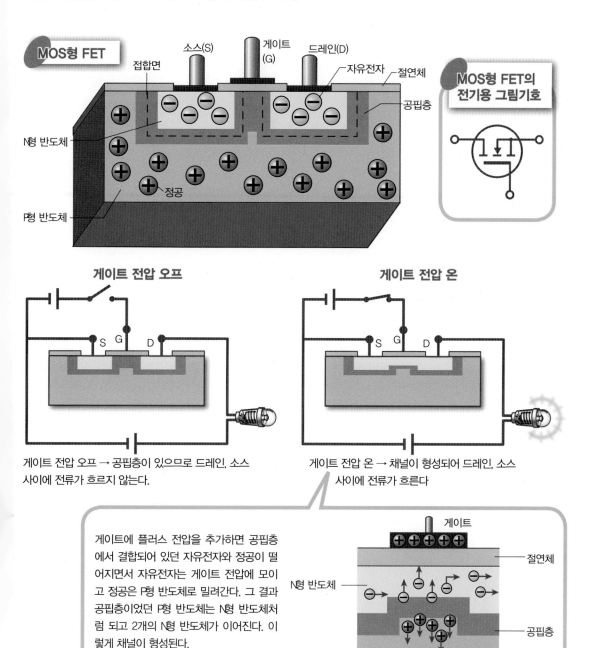

MOS형 FET

소스(S) 게이트(G) 드레인(D)

접합면 자유전자 절연체

N형 반도체 공핍층

정공

P형 반도체

MOS형 FET의 전기용 그림기호

게이트 전압 오프

S G D

게이트 전압 오프 → 공핍층이 있으므로 드레인, 소스 사이에 전류가 흐르지 않는다.

게이트 전압 온

S G D

게이트 전압 온 → 채널이 형성되어 드레인, 소스 사이에 전류가 흐른다

게이트에 플러스 전압을 추가하면 공핍층에서 결합되어 있던 자유전자와 정공이 떨어지면서 자유전자는 게이트 전압에 모이고 정공은 P형 반도체로 밀려간다. 그 결과 공핍층이던 P형 반도체는 N형 반도체처럼 되고 2개의 N형 반도체가 이어진다. 이렇게 채널이 형성된다.

게이트

절연체

N형 반도체

공핍층

P형 반도체

인버터는 왜 필요한가?

인버터는 직류를 교류로 바꿀 수 있다.

직류를 교류로 변환

인버터(Invertor)란 직류를 교류로 변환하는 장치다. 공장이나 가정에 공급되고 있는 교류를 주파수나 전압이 다른 교류로 변환하는 것은 간단하지 않다. 이 경우, 컨버터로 일단 교류를 직류로 변환한후 원하는 주파수와 전압의 교류로 변환한다.

인버터의 구조는 물과 수도꼭지에 비유해 설명할 수 있다. 물이 전류이고 수도꼭지가 인버터에 해당

한다. 한 쪽의 수도꼭지를 열었을 때 다른 한 쪽의 수도꼭지는 닫혀 있다면 여는 수도꼭지를 교대로 전환함으로써 물이 흘러나오는 방향을 바꿀 수 있다. 또한 수도꼭지를 여는 시간에 의해 흘러나오는 물의 양을 조절할 수 있다.

인버터는 스위치를 사용해 수도꼭지를 열고 잠그는 것처럼 전류의 방향을 바꿈으로써 직류를 교류로 변환한다.

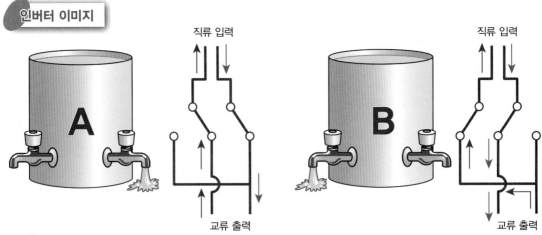

인버터 이미지

물을 전류라고 가정하면 인버터의 스위치는 수도꼭지와 같다.
수도꼭지(스위치)로 물(전류)의 방향을 바꾼다.
직류 입력은 A나 B 모두 방향은 같지만 교류 출력은 A와 B의 방향이 서로 다르다.

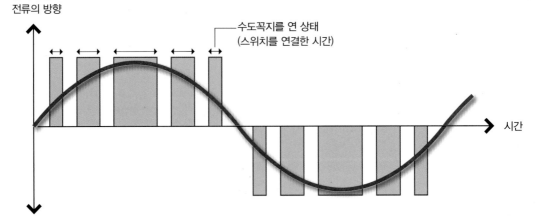

수도꼭지를 오래 열어 놓으면 그만큼 많은 물이 흘러나오는 것처럼 스위치를 오래 연결하면 많은 전류가 흐른다.

196

펄스폭 변조방식(PWM)

스위칭 작용이 있는 반도체 소자를 2개를 한 세트로 브리지형 회로로 배치하면 인버터가 된다. 2개 1세트인 스위치를 교대로 온/오프시키면 직류를 교류로 변환된다. 플러스로 출력하는 스위치 시간을 길게 하고 마이너스로 출력하는 스위치 시간을 짧게 하면 플러스 쪽 전압이 높아진다. 반대로 마이너스로 출력하는 스위치 시간을 길게 하고 플러스로

출력하는 스위치 시간을 짧게 하면 마이너스쪽 전압이 높아진다. 또한 전류가 흐르는 전체 시간을 길게 하면 주파수는 커지고 짧게 하면 작아진다.

이와 같이 스위치의 온/오프 시간을 조정함으로써 출력되는 교류를 조정하는 방식을 **펄스폭 변조방식(PWM)**이라고 한다. 스위치에는 트랜지스터나 사이리스터가 이용된다.

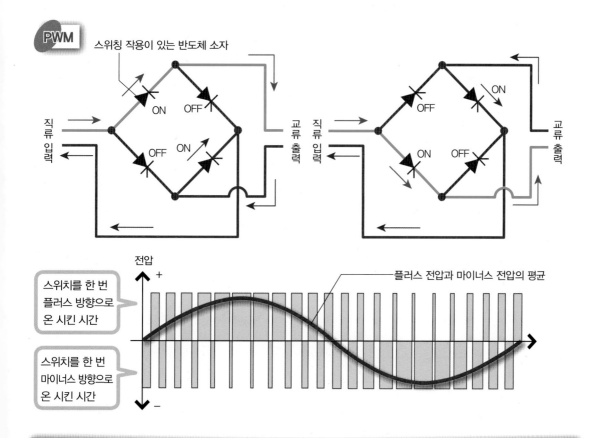

사이리스터의 스위칭 작용

사이리스터는 N형 반도체와 P형 반도체를 교대로 접합한 반도체 소자로써 스위칭 작용이 있다. 전극에는 애노드와 캐소드, 게이트가 붙어 있다. 애노드와 캐소드에 전압을 걸어도 전류는 흐르지 않지만 게이트 전압을 추가함으로써 전류가 흐른다. 일단 전류가 흐르면 게이트 전압을 오프시켜도 전류는 계속 흐른다. 전류를 멈추게 하려면 애노드와 캐소드 사이의 전압을 0으로 해야 한다.

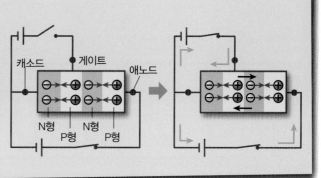

무엇이 3상 교류인가?

삼상(三相)교류는 세개의 단상 교류를 겹쳐놓은 것이다. 각 상(相)의 전압 합계는 0이 된다.

단상 교류와 삼상 교류

단상 교류란 가정에서 사용되는 교류이다. 3개 단상 교류의 위상을 $\frac{2\pi}{3}$[rad]씩 어긋나게 겹쳐 놓은 것이 삼상 교류다. 3개의 단상 교류의 최댓값과 주파수는 동일하다.

삼상 교류는 송전(送電)에 이용된다. 삼상 교류는 각 상의 전압 합계가 0이 된다. 이 때문에 삼상 교류는 취급이 간단하다.

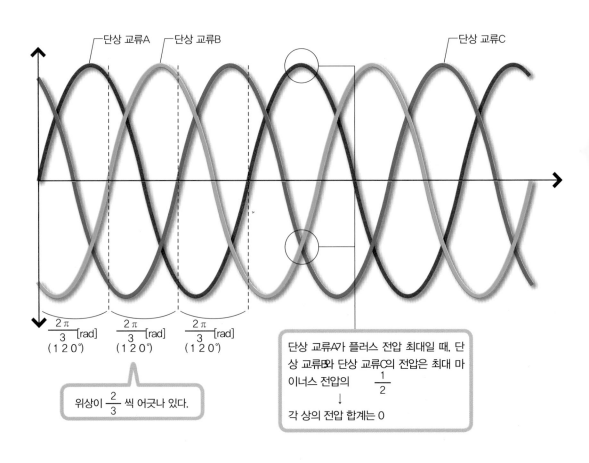

단상 교류A ─ 단상 교류B ─ 단상 교류C

$\frac{2\pi}{3}$[rad] (120°) $\frac{2\pi}{3}$[rad] (120°) $\frac{2\pi}{3}$[rad] (120°)

위상이 $\frac{2}{3}$ 씩 어긋나 있다.

단상 교류A가 플러스 전압 최대일 때, 단상 교류B와 단상 교류C의 전압은 최대 마이너스 전압의 $\frac{1}{2}$
↓
각 상의 전압 합계는 0

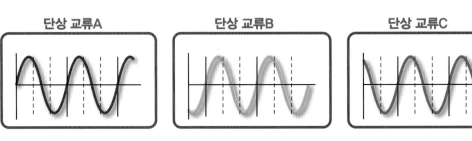

단상 교류A   단상 교류B   단상 교류C

삼상 교류의 송전

1개의 단상 교류를 전송하기 위해서는 왕복으로 2개의 전선이 필요하다. 3개의 단상 교류를 단독으로 송전하기 위해서는 6개의 전선이 필요하게 된다. 그러나 단상 교류를 3개씩 묶은 삼상 교류의 경우는 전선이 3개만 있으면 된다.

3개의 단상 교류를 겹쳤을 때, 전기 회로에서는 각 단상 교류가 가진 2개의 전선중 1개를 공유시킬 수 있다. 그렇게 하면 필요한 전선은 4개가 된다. 나아가 3개의 전선이 들어가는 전선, 공유한 1개의 전선을 나오는 전선이라고 생각하면 나오는 전선에 흐르는 전류의 전압은 3상의 전압을 합계한 것이 된다.

그러면 3상의 전압 합계는 0이기 때문에 여기에는 전류가 흐르지 않게 되면서 이 전선은 필요가 없어진다. 이와 같이 삼상 교류는 전선 3개로 송전할 수 있는 것이다.

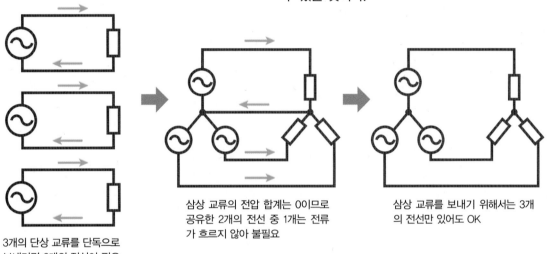

3개의 단상 교류를 단독으로
보내려면 6개의 전선이 필요

삼상 교류의 전압 합계는 0이므로
공유한 2개의 전선 중 1개는 전류
가 흐르지 않아 불필요

삼상 교류를 보내기 위해서는 3개
의 전선만 있어도 OK

전류의 흐름

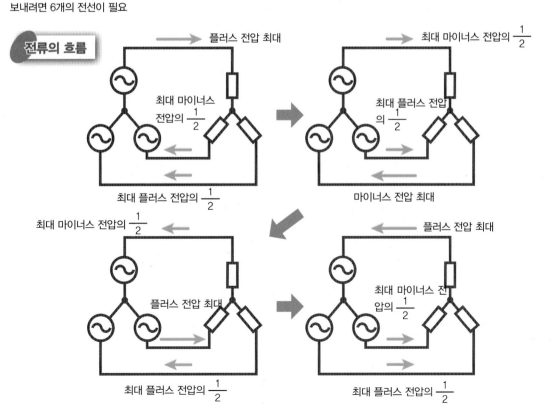

플러스 전압 최대

최대 마이너스
전압의 $\frac{1}{2}$

최대 플러스 전압의 $\frac{1}{2}$

최대 마이너스 전압의 $\frac{1}{2}$

최대 플러스 전압
의 $\frac{1}{2}$

마이너스 전압 최대

최대 마이너스 전압의 $\frac{1}{2}$

플러스 전압 최대

플러스 전압 최대

최대 플러스 전압의 $\frac{1}{2}$

최대 마이너스 전압의 $\frac{1}{2}$

최대 플러스 전압의 $\frac{1}{2}$

199

3상 교류 발전기와 변압기의 기능은?

삼상 교류는 삼상 교류 발전기에서 만들어지고, 트랜스에서 변압된 후 가정으로 보내진다.

삼상 교류 발전기

삼상 교류는 삼상 교류 발전기에서 만들어진다. 삼상 교류 발전기는 고정된 코일 안에서 자계를 만드는 자극(磁極)을 회전시킴으로써 전자 유도를 통해 전류를 만든다. 코일이 자기 작용을 통해 만드는 자속을 자극이 끊고 움직임으로써 각 코일에 기전력이 발생하는 것이다.

코일에 발생하는 기전력의 크기는 코일 자속의 세기와 회전하는 자극의 속도에 비례한다.

3쌍의 코일을 $\frac{2\pi}{3}$ 각도(120°)로 배치하면 위상이 $\frac{2\pi}{3}$ [rad]씩 어긋난 전압·전류·주파수가 동등한 삼상 교류를 이끌어낼 수 있다.

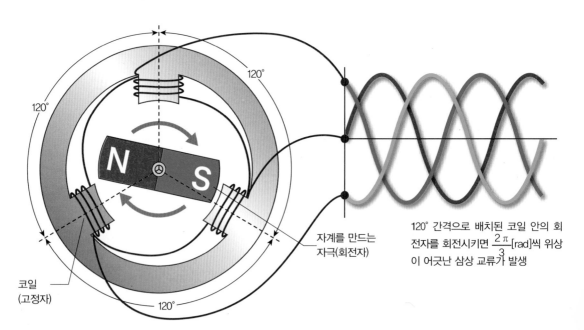

120° 간격으로 배치된 코일 안의 회전자를 회전시키면 $\frac{2\pi}{3}$ [rad]씩 위상이 어긋난 삼상 교류가 발생

▲삼상 교류 발전기의 회전자

▲삼상 교류 발전기의 고정자

발전소에 있는 발전기의 회전자와 고정자는 매우 크지~

교류 발전기

발전기는 전원이 없는 곳에서 연속하여 전기를 얻기 위한 것이야.

전원이 없는 곳에서 연속하여 전기를 얻기 위해서는..

끊임없이 자계가 변화하지 않으면 안되지. **허허..**

전자 유도의 설명으로 전원이 없는 곳에서 연속적으로 전기를 얻기 위해서는 끊임없이 자계를 변화하면 된다는 것을 알았다. 그러나 자계를 변화시키려면 자석과 코일이 가까워지거나 멀어져야 하는데, 이것을 연속시키는 것은 아주 번거롭다.

자석 또는 코일을 회전시킴으로써 가능한 것이 발전기이며, 일반적으로 극성과 크기를 끊임없이 변화하는 교류를 얻을 수 있으므로 **교류 발전기**라고 한다. 또한 정류자를 이용하여 플러스 극성만의 맥류를 얻는 타입은 **직류 발전기**라고 한다.

교류 발전기의 원리

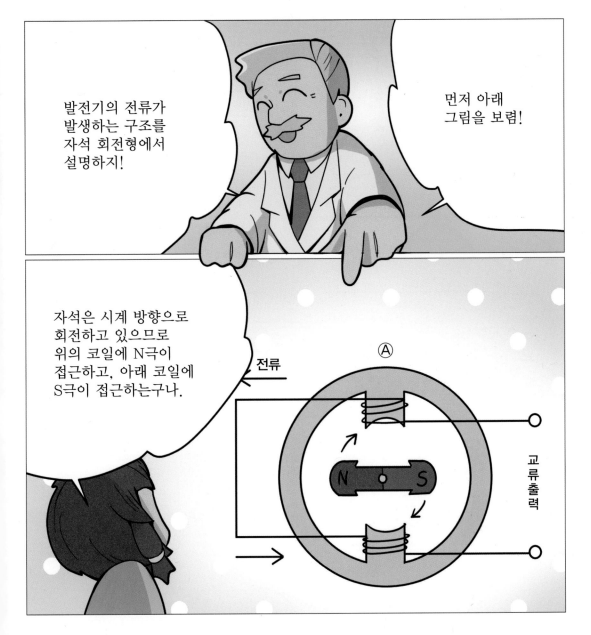

발전기의 전류가 발생하는 원리를 자석 회전형으로 설명하면 다음과 같다. 예를 들면, 자석의 N극이 왼쪽을 향한 상태에서 생각하면 자석은 끊임없이 시계방향으로 회전하므로 위 코일에는 N극이, 아래 코일에는 S극이 급속히 가까워진다.

그래서 위 코일은 자석 쪽에 N극이 발생하듯이 또 아래 코일은 S극이 발생하도록 전류가 흐르지만, 자석이 코일에 가까워지면 자계의 변화가 작아져 전류도 내려간다. 이 전류의 변화를 그래프로 나타내면 유도 전류는 자석의 1회전을 주기로 하는 교류 파형을 그린다.

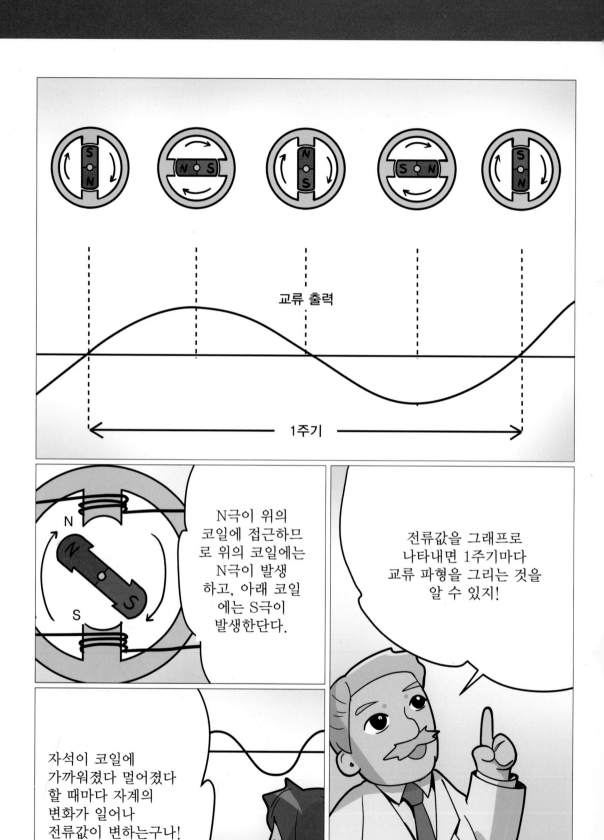

변압기에 의한 변압

발전소에서 만들어진 매우 높은 전압의 전력은 발전소에서 전압이 낮춰진 후 가정으로 보내진다. 교류 전압을 바꾸는 장치를 **변압기** 또는 **트랜스**라고 한다.

철심에 2개의 코일을 감은 상태에서 한쪽 코일에 교류 전류를 흘려 보내면 철심에 주기적으로 크기와 방향이 변화하는 자계가 발생한다. 이 자계가 다른 한쪽의 코일을 통해 빠져나가면 전자 유도 작용에 의해 이 코일에도 유도 기전력이 발생해 유도 전류가 흐른다. 이와 같이 2개의 코일 사이에서 전자

유도 작용이 일어나는 것을 **상호 유도**라고 한다.

2개 코일의 권수 비율이 코일에 생기는 전압 비율이 된다. 예를 들어 코일의 권수를 200과 100으로 한 후 권수 200인 코일에 전류를 흘려보내면 권수 100인 코일에 발생하는 전압은 권수 200인 코일의 $\frac{1}{2}$이 된다. 이 권수 비율을 이용해 변압기가 전압을 바꾸는 것이다.

전류가 흐르는 코일을 **1차 코일**, 전류를 추출하는 코일을 **2차 코일**이라고 한다.

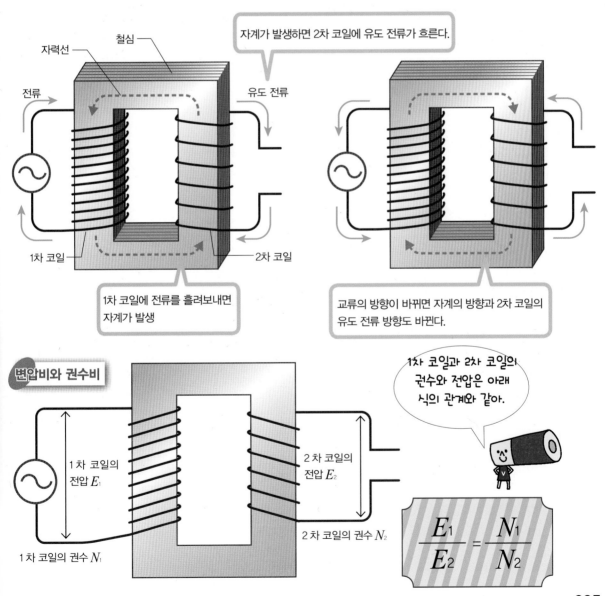

자계가 발생하면 2차 코일에 유도 전류가 흐른다.

자력선

철심

전류

유도 전류

1차 코일

2차 코일

1차 코일에 전류를 흘려보내면 자계가 발생

교류의 방향이 바뀌면 자계의 방향과 2차 코일의 유도 전류 방향도 바뀐다.

변압비와 권수비

1차 코일의 전압 E_1

2차 코일의 전압 E_2

2차 코일의 권수 N_2

1차 코일의 권수 N_1

1차 코일과 2차 코일의 권수와 전압은 아래 식의 관계와 같아.

$$\frac{E_1}{E_2} = \frac{N_1}{N_2}$$

변압기(트랜스포머)

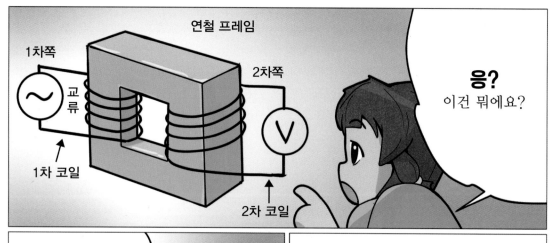

위의 그림과 같이 1개의 연철심에 1차 코일과 2차 코일을 감고, 1차 코일에 교류를 흐르도록 하면 상호 유도 작용에 의해 2차 코일에 유도 전압이 발생하는 것은 앞에서 설명하였다.

변압기는 상호 유도 작용을 이용하여 코일의 감은 수를 1차 코일과 2차 코일을 서로 다르게 함으로써 교류 전압의 크기를 변화시키는 것이다. "전압을 옮긴다."는 성질의 의미에서 변압기를 **트랜스포머**라고도 부른다.

권수(權數)와 전압

변압기로 어떻게 전압을 변화시키는가? 여기에는 다음의 관계가 중요한 역할을 한다. 「코일의 권수와 유도 전압」의 항목에서도 설명했듯이 유도 전압의 크기는 자력선을 잘라낸 면적, 즉 코일의 권수에 비례한다. 1차 코일의 전압(E_1)과 권수(N_1), 2차 코일의 전압(E_2)과 권수(N_2)의 4개의 수치에는 다음 관계가 성립한다. $\dfrac{E_1}{E_2} = \dfrac{N_1}{N_2}$

예를 들면, 1차 코일의 전압이 100V, 코일의 권수가 100회이고, 2차 측에서 300V를 얻고 싶다면, 2차 코일은 300회의 권수가 필요하다.

$$\frac{E_1}{E_2} = \frac{N_1}{N_2}$$

1차 코일의 전압(E_1)과 권수(N_1), 2차 코일의 전압(E_2)과 권수(N_2) 사이에는 이런 관계가 성립한단다.

오호··

...라고 하면

1차 코일의 전압이 100V이고 코일에 100회 감겨 있다면,

2차쪽에 300V가 필요하면 2차 코일을 300회 감아야 한다는 말이군요.

상호 유도 작용(2개 코일에 의한 전자 유도)

전자 유도는 물론 전자석을 이용해도 발생한다. 또한 영구 자석과 달라서 전원을 끊었다 넣었다 하거나 전류를 강하게 하거나 약하게 반복해도 발생한다. 이 2개의 코일을 사용하여 전류의 변화에 의한 전자 유도를 **상호 유도**라고 하며, 전원에 연결한 코일을 **1차 코일**, 유도 전류가 발생하는 코일을 **2차 코일**이라고 한다.

그리고 상호 유도에서는 코일을 움직일 필요가 없으므로 자력을 높이기 위한 철심을 1개 배치하고, 1차 코일과 2차 코일을 감는다.

상호 유도 전류

상호 유도도 물론 렌츠의 법칙에 따른 것이다. 즉 1차 코일의 전류가 변화했을 때는 그 변화를 방해하는 방향으로 2차 코일에 전류가 발생한다.

예를 들면, 그림과 같은 장치에서 1차 코일의 전류가 3A에서 5A로 올라갈 때는 1차 코일이 만드는 자계는 오른쪽을 N극으로 하여 강해지도록 변화한다. 그래서 2차 코일에서는 그것을 방해하려고 왼쪽을 N극으로 하는 자계를 발생시키기 위해 화살표 방향으로 전류가 흐른다.

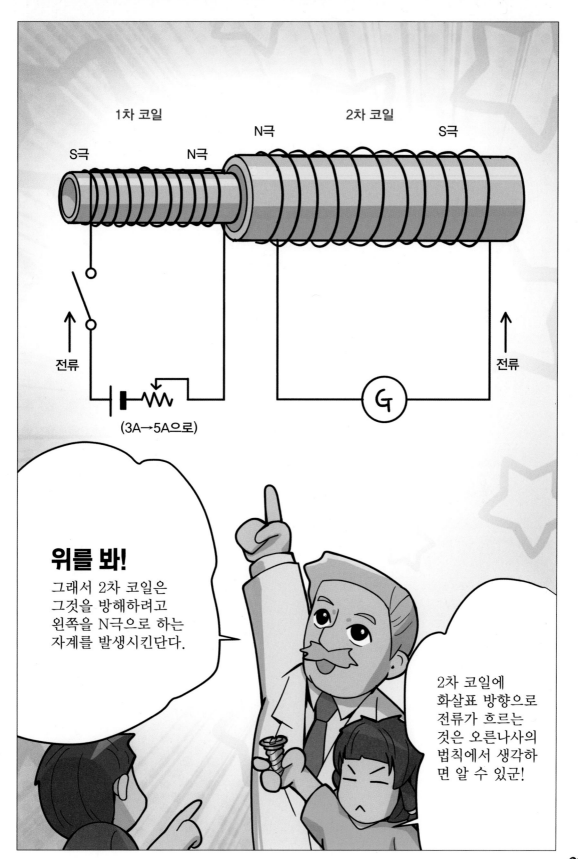

플레밍 (1849~1945)

영국의 물리학자 · 전기공학자. 영국 랭커스터에서 태어나 1885년 런던대학의 전기공학 교수에 임명되었다.

전기이론부터 응용실험에 이르기까지 힘을 쏟았고 미국 과학자 에디슨이 발견한 열전자방출 연구로부터 1904년 최초의 진공관인 정류기 기능을 가진 이극 진공관을 발명했다. 이 진공관을 이용한 수신장치는 안테나로 수신한 무선신호를 전압에서 전류의 강도로 변환해 재생했다. 또한 패러데이가 발견한 모터나 발전기의 기초인 전자 유도 법칙을 인간의 손으로 표현한 「플레밍의 오른손 법칙」과 「플레밍의 왼손 법칙」은 각국에서 교육용으로 사용되고 있다.

『무선신호의 원리』(1906), 『전기 50년』(1921) 등 수 많은 저작이 있다.

패러데이 (1791~1867)

영국의 물리학자 · 화학자. 전자유도, 전기 분해 법칙 및 전기와 자기의 기본적인 관계의 발견자. 영국 설리주의 가난한 대장간 아들로 태어나 1812년 왕립연구소의 화학자 데이비의 강연을 듣고 자청해 실험 조수가 되었다. 데이비 밑에서 다양한 연구 성과를 발표한 이후 1825년 왕립연구소의 실험주임, 1833년 연구소 화학교수가 되었다.

업적은 전기 에너지를 기계 에너지로 변환하는 모터의 원리다. 또한 전자석의 자극 사이에서 도선의 코일을 회전시킴으로써 전류를 얻을 수 있는 발전기의 원리도 발견했다.

1861년 간행된 『양초의 과학』은 물리적 화학적 현상을 해설한 책으로 매우 유명하다.

키르히호프 (1824~1887)

러시아에서 태어난 물리학자. 독일 쾨니히스베르크대학에서 이론물리학을 배우며, 브레슬라우대학, 하이델베르크대학, 베를린대학에서 교수직을 역임했다. 전자파의 존재를 증명한 헤르츠는 키르히호프가 베를린대학에서 교수로 있을 때의 학생이다. 독일 화학자 분젠과 함께 화학 분석에 사용하는 분광기를 개발했고 1860년 원소인 세슘, 1861년 루비듐을 발견했다.

1849년 정리한 「키르히호프의 법칙」에는 전기 회로를 해석을 위한 전류의 법칙과 전압의 법칙이 있으며, 이것은 옴의 법칙과 함께 널리 알려져 있다.

전기와 관련된 학자③

04

스토브, 형광등, 조리기 등 우리 주변의 많은 곳에서 전기를 사용하고 있다. 이 장에서는 구체적인 전기제품 등을 예로 들어 그것이 전기의 어떤 원리를 이용해 사용되고 있는지 살펴보겠다.

생활용품은 어떻게 작동하는가?

전기 스토브와 백열전구의 작동 원리는?

전기기구는 전기 저항의 열과 발광을 이용하고 있다.

줄열을 이용한 전기 스토브

전기 스토브는 니크롬선 등과 같은 전열선(電熱線)의 전기 저항을 이용해 전기 에너지를 열에너지로 바꾸는 전열기구이다. 전기 스토브 안의 전열선에 전기를 통하면 전열선 안의 자유전자가 원자에 부딪치면서 원자가 심하게 진동한다. 이 진동 에너지가 발열로 이어진다. 이렇게 발열하는 현상을 줄열(Joule熱)이라고 한다. 대부분의 전열선은 전기 저항을 크게 하기 위해 코일 형태로 감겨져 있다.

또한 전열선은 석영유리관이나 세라믹관 등과 같이 열에 강한 물질로 보호되어 있다. 석영유리나 세라믹은 고온으로 올라가면 적외선을 발산하기 때문에 발열효과도 높아진다.

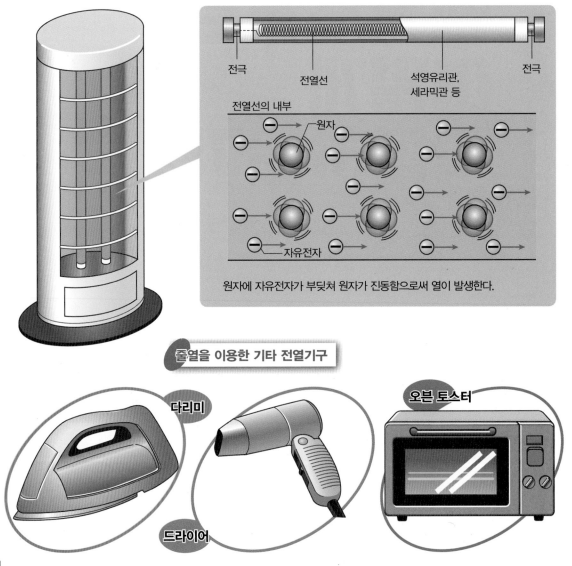

전극　　　전열선　　　석영유리관, 세라믹관 등　　　전극

전열선의 내부

원자

자유전자

원자에 자유전자가 부딪쳐 원자가 진동함으로써 열이 발생한다.

줄열을 이용한 기타 전열기구

다리미

드라이어

오븐 토스터

🔅 줄열의 열방사로 인해 발광하는 백열전구

백열전구는 주로 금속부품, 중심 전극과 유리구, 필라멘트와 그것을 연결하는 리드선으로 구성되어 있다. 중심 전극을 통해 들어간 전류는 리드선을 지나 필라멘트로 흐른다. 필라멘트에서는 전기 저항에 의해 전기 에너지가 열과 발광 에너지로 바뀐다. 필라멘트는 2,000~3,000℃ 정도의 고온으로 올라가 빛나게 되는데 유리구 안의 불활성 가스가 필라멘트의 열을 빼앗으므로 불타 끊기는 경우는 일어나지 않는다.

백열전구 중 하나인 할로겐 램프는 일반의 백열전구보다 밝은 전구이다. 유리구 안의 할로겐이 일으키는 할로겐 사이클을 이용하므로 필라멘트의 소모를 줄인다. 그 때문에 필라멘트를 더 높은 고온으로 올릴 수 있어 강한 빛을 낼 수 있다.

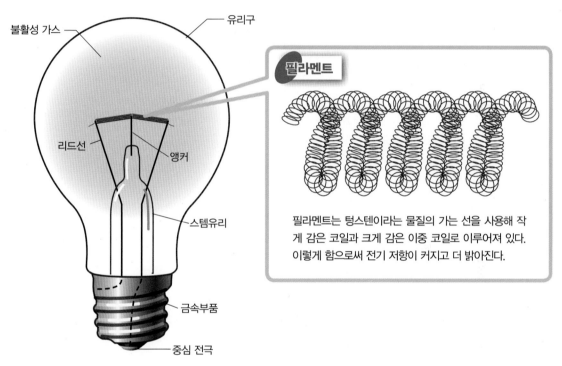

필라멘트

필라멘트는 텅스텐이라는 물질의 가는 선을 사용해 작게 감은 코일과 크게 감은 이중 코일로 이루어져 있다. 이렇게 함으로써 전기 저항이 커지고 더 밝아진다.

불활성 가스 / 유리구 / 리드선 / 앵커 / 스템유리 / 금속부품 / 중심 전극

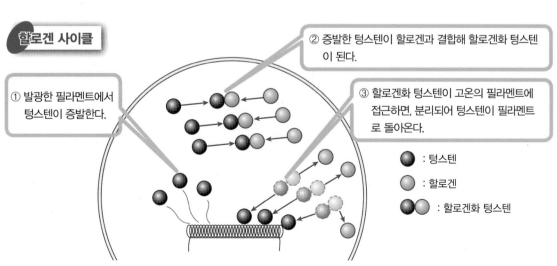

할로겐 사이클

① 발광한 필라멘트에서 텅스텐이 증발한다.

② 증발한 텅스텐이 할로겐과 결합해 할로겐화 텅스텐이 된다.

③ 할로겐화 텅스텐이 고온의 필라멘트에 접근하면, 분리되어 텅스텐이 필라멘트로 돌아온다.

● : 텅스텐
○ : 할로겐
●○ : 할로겐화 텅스텐

형광등·무전극 방전등·LED 조명의 원리는?

형광등은 방전, 무전극 방전등은 전자 유도 작용에 의해 발광, LED 조명은 반도체에 의해 발광한다.

방전 발광을 이용한 형광등

형광등은 기체의 방전을 이용해 발광(發光)한다. 형광관(螢光管)의 양극에는 4개의 단자가 있으며, 각각 2개의 단자는 필라멘트로 연결되어 있다. 필라멘트에는 전자를 쉽게 방출하는 이미터라는 물질이 발라져 있다. 형광관을 발광시키기 위해서는 2회 전류를 흘려보내야 한다. 1번 전류를 흘려 예열함으로써 전자를 방출하기 쉽게 만든다. 그 후 다시 강한 전압을 걸면 방전이 일어난다. 방전을 일으키기 위해 점등관이나 안정기 등이 사용되고 있다.

방전이 일어나면 필라멘트에서 열전자가 방출되어 형광관 안에서 이동한다. 열전자가 수은 원자에 부딪치면 수은 전자가 자외선을 발생시킨다. 자외선이 형광관에 칠해져 있는 형광체를 발광시킴으로써 형광등은 가시광선을 발산한다.

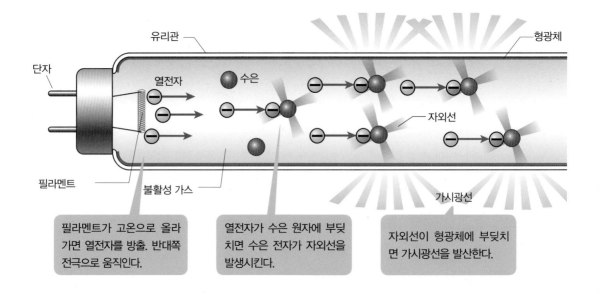

유리관 / 형광체 / 단자 / 열전자 / 수은 / 자외선 / 필라멘트 / 불활성 가스 / 가시광선

필라멘트가 고온으로 올라가면 열전자를 방출. 반대쪽 전극으로 움직인다.

열전자가 수은 원자에 부딪치면 수은 전자가 자외선을 발생시킨다.

자외선이 형광체에 부딪치면 가시광선을 발산한다.

방전을 일으키는 글로 스타트

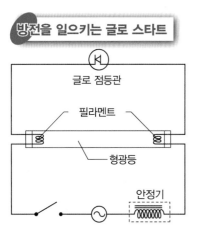

글로 점등관 / 필라멘트 / 형광등 / 안정기

 ① 스위치를 넣으면 글로(glow) 점등관의 전극 사이에서 방전이 시작된다.

 ② 방전에 의한 열로 인해 바이메탈로 만들어진 전극이 휘고 접촉하면 방전이 멈춘다. 필라멘트에는 전류가 흐른다.

 ③ 바이메탈이 식어 원래 상태로 돌아오면 전류가 끊긴다. 그 순간 안정기에 의해 발생한 고압 전류가 필라멘트로 흐르면서 형광등의 방전이 시작된다.

바이메탈 구조

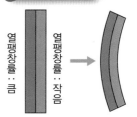

열팽창률 : 큼 / 열팽창률 : 작음

열로 인해 팽창하는, 비율(열팽창률)이 다른 2종류의 금속을 합친 바이메탈은 온도가 높아지면 구부러진다.

전자 유도 작용을 이용한 무전극 방전등

무전극 방전등의 코일에 교류 전류를 흘려보내면 자계가 발생한다. 그 자계(磁界)로 인해 발생한 전계(電界)의 전자가 심하게 요동치면서 유리구 안의 수은에 부딪쳐 자외선을 발산시키는 구조다. 형광등은 방전을 통해 전자를 이동시키지만 무전극 방전등은 전자 유도 작용을 통해 전자를 이동시킨다. 전자가 수은 원자에 부딪쳐 자외선을 발산하여 발광하는 원리는 똑같다.

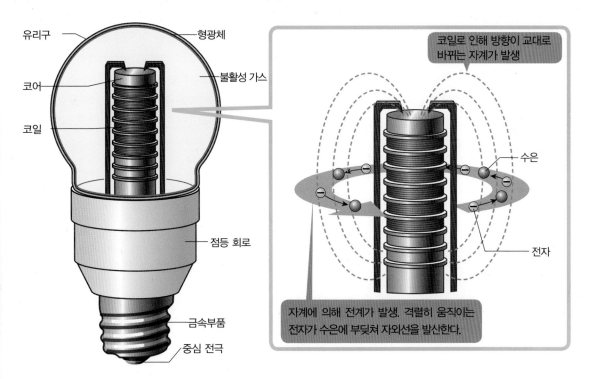

유리구
형광체
코어
불활성 가스
코일
점등 회로
금속부품
중심 전극

코일로 인해 방향이 교대로 바뀌는 자계가 발생

수은
전자

자계에 의해 전계가 발생. 격렬히 움직이는 전자가 수은에 부딪쳐 자외선을 발산한다.

발광 다이오드의 구조와 LED 조명

발광 다이오드는 전기를 그대로 빛 에너지로 바꾸므로 다른 전등에 비해 효율이 좋고 오래 간다.

발광 다이오드는 플러스 전하가 캐리어가 되는 P형 반도체와 마이너스 전하가 캐리어가 되는 N형 반도체를 접합해 만든다. 발광 다이오드에 전류를 흘려보내면 플러스 전하와 마이너스 전하가 접합면까지 이동해 결합한다. 이렇게 결합할 때 방출되는 에너지로 발광한다.

발광 다이오드는 반도체 재료에 의해 발광하는 색조가 결정된다.

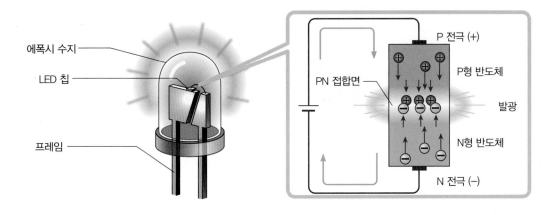

에폭시 수지
LED 칩
프레임

P 전극 (+)
P형 반도체
PN 접합면
발광
N형 반도체
N 전극 (−)

연료 전지와 광전지(태양 전지)의 원리는?

연료 전지는 화학반응 광전지는 반도체의 광전 효과를 통해 전기를 만든다.

이온화를 이용한 연료 전지

연료 전지는 수소를 연료로 삼아 전기 에너지를 만든다. 수소의 이온화를 이용하고 있다.

연료로 쓰이는 수소(H_2)는 마이너스극에 있는 촉매(화학반응을 촉진시키는 물질로 자신은 변화하지 않는다)의 작용으로 전자를 방출해 수소 이온(H^+)이 된다. 전자는 마이너스극에서 도체를 지나 플러스극으로 향한다. 즉, 전류가 흐르는 상태다. 전자를 잃은 수소는 수소 이온이 되며, 전해질을 통해 플러스극으로 향한다. 전해질은 이온만 통과하는 특징이 있다.

플러스극 쪽에는 산소(O_2)가 있다. 수소 이온은 산소와 도체를 통과해 돌아온 전자와 반응해 물(H_2O)이 된 후 배출된다.

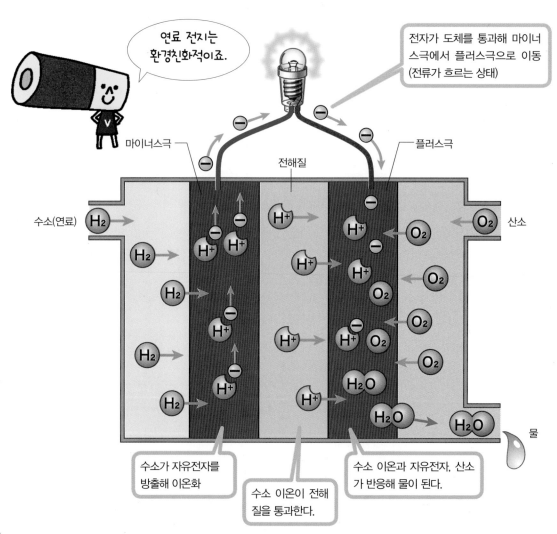

연료 전지는 환경친화적이죠.

전자가 도체를 통과해 마이너스극에서 플러스극으로 이동 (전류가 흐르는 상태)

마이너스극

전해질

플러스극

수소(연료)

산소

수소가 자유전자를 방출해 이온화

수소 이온이 전해질을 통과한다.

수소 이온과 자유전자, 산소가 반응해 물이 된다.

물

광전 효과를 이용한 광전지

광전지는 P형 반도체와 N형 반도체로 만들어져 있다. P형 반도체 안은 플러스 전하를 가진 정공(홀)과 마이너스 전하를 가진 억셉터가 결합해 있으며, 전기적으로 중성이다. N형 반도체 안은 플러스 전하를 가진 도너와 마이너스 전하를 가진 전자가 결합해 있으며, 전기적으로 중성이다. PN 접합부 근처에는 정공과 전자가 결합해 생긴 공핍층이 있다.

공핍층에 빛이 비치면 결합해있던 전자와 정공이 떨어지면서 전자는 플러스로 이온화된 도너에 끌려 N형 쪽으로 이동하고 정공은 마이너스로 이온화된 억셉터에 끌려 P형 쪽으로 이동한다. 그 결과 플러스극과 마이너스극 사이에 전위차가 생긴다.

물질에 빛이 비쳤을 때 전자가 생기는 것을 **광전효과**라고 한다.

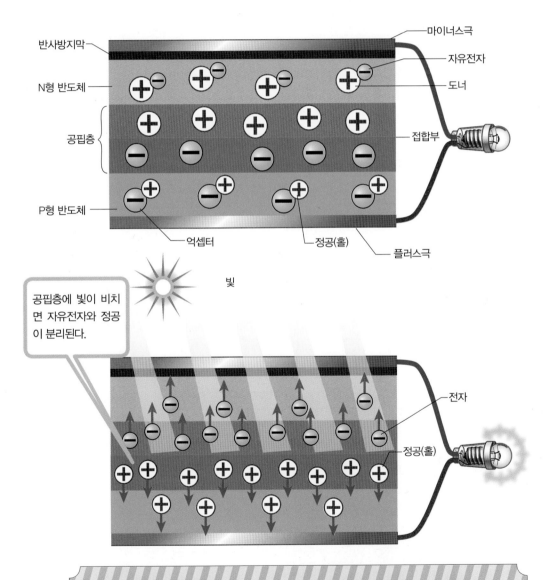

자유전자는 마이너스극, 정공(홀)은 플러스극으로
모이면서 전위차가 발생. 전류가 흐른다.

교류 모터의 종류와 회전의 원리는?

교류 전원에서는 고정자가 만드는 회전자계에 의해 모터가 회전한다.

동기 모터

단상 동기 모터는 회전자인 영구자석과 2조 이상의 고정자로 된 모터다. 예를 들어 고정자의 코일이 N극일 때 회전자 영구자석의 N극은 밀어낸다. 이때 이웃한 고정자가 S극이라면 영구자석은 끌리면서 회전하는 힘을 발생한다.

교류 전류는 전류 방향이 정기적으로 바뀌므로 고정자의 전극도 정기적으로 바뀐다. 다만 다른 조합의 고정자에 똑같이 단상 교류를 흘리더라도 고정자의 자극(磁極)은 돌지 않는다. 그 때문에 진상(進相)콘덴서를 사용해 다른 타이밍에서 각 조의 고정자에 전류가 흐르도록 조정한다.

3상 동기 모터는 삼상 교류를 사용한다. 삼상 교류는 위상이 120° 어긋나 있기 때문에 진상 콘덴서가 없더라도 다른 타이밍에서 고정자에 교류 전류를 흘려 보낼 수 있다.

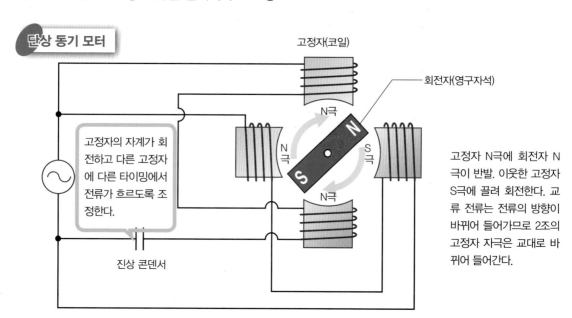

단상 동기 모터

고정자(코일)

회전자(영구자석)

N극

N극

S극

N극

고정자의 자계가 회전하고 다른 고정자에 다른 타이밍에서 전류가 흐르도록 조정한다.

진상 콘덴서

고정자 N극에 회전자 N극이 반발. 이웃한 고정자 S극에 끌려 회전한다. 교류 전류는 전류의 방향이 바뀌어 들어가므로 2조의 고정자 자극은 교대로 바뀌어 들어간다.

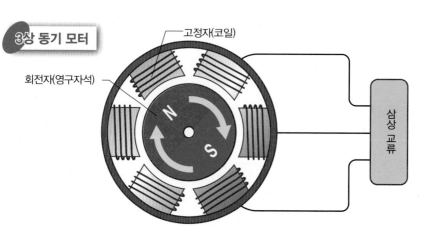

3상 동기 모터

고정자(코일)

회전자(영구자석)

삼상 교류

삼상 교류는 위상이 120° 어긋난 교류가 흐르므로 60° 간격으로 2개 1조의 고정자를 배치하면 고정자의 자계가 회전한다. 회전자는 각 고정자의 자극에 반발·흡인되어 회전한다.

유도 모터

유도(誘導)모터는 영구자석도, 강자성체도 아닌 도체를 회전자에 이용한다. 교류 유도 모터는 '아라고의 원판'이라는 실험을 응용하고 있다.

아라고의 원판은 강자성체가 아닌 도체로 이루어진 원판에 U자 자석을 통과시킨 상태로 U자 자석을 원판의 테두리를 따라 이동시키면 원판도 같은 방향으로 회전한다는 것이다. U자 자석의 자계 변화로부터 전자 유도 작용을 통해 원판에는 맴돌이 전류가 발생한다. 이 맴돌이 전류가 만드는 자계와 U자 자석의 자계가 서로 영향을 미쳐 원판이 회전한다.

삼상 유도 모터는 U자 자석 대신에 삼상 교류와 연결된 고정자의 회전 자계가 회전자에 맴돌이 전류를 발생시킨다.

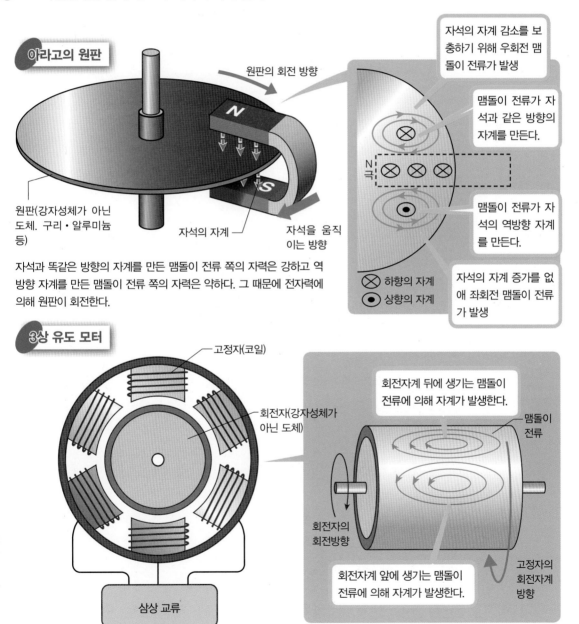

아라고의 원판

원판의 회전 방향

원판(강자성체가 아닌 도체. 구리·알루미늄 등)

자석의 자계

자석을 움직이는 방향

자석과 똑같은 방향의 자계를 만든 맴돌이 전류 쪽의 자력은 강하고 역방향 자계를 만든 맴돌이 전류 쪽의 자력은 약하다. 그 때문에 전자력에 의해 원판이 회전한다.

자석의 자계 감소를 보충하기 위해 우회전 맴돌이 전류가 발생

맴돌이 전류가 자석과 같은 방향의 자계를 만든다.

N극

맴돌이 전류가 자석의 역방향 자계를 만든다.

⊗ 하향의 자계
⊙ 상향의 자계

자석의 자계 증가를 없애 좌회전 맴돌이 전류가 발생

3상 유도 모터

고정자(코일)

회전자(강자성체가 아닌 도체)

삼상 교류

회전자계 뒤에 생기는 맴돌이 전류에 의해 자계가 발생한다.

맴돌이 전류

회전자의 회전방향

회전자계 앞에 생기는 맴돌이 전류에 의해 자계가 발생한다.

고정자의 회전자계 방향

회전자에 발생하는 자계와 고정자의 회전자계가 전자력을 발생시킴으로써 회전자가 회전한다.

전자 조리기와 전자 레인지의 작동 원리는?

전자 조리기와 전자 레인지는 전자파를 사용한 가열 조리기다.

전자 유도 가열을 이용한 전자 조리기

전자 조리기는 손으로 만져도 전혀 뜨겁지 않으므로 냄비를 데울 수 있다. 이것은 전열선처럼 전류를 흘려보냄으로써 발생하는 줄열을 이용해 가열하는 것이 아니라 전자 유도 작용을 이용해 가열하기 때문이다.

전자 유도 작용은 자계를 발생시킨다. 발생한 자계는 냄비 자체에 맴돌이 전류를 발생시킨다. 맴돌이 전류가 흐르면 냄비 자체의 전기 저항으로 인해 줄열이 발생해 가열되는 것이다. 그러므로 전류가 흘러도 톱 플레이트는 열을 띠지 않지만 냄비를 놓으면 뜨거워지는 것이다(냄비의 열이 전해지면 톱 플레이트는 뜨거워진다).

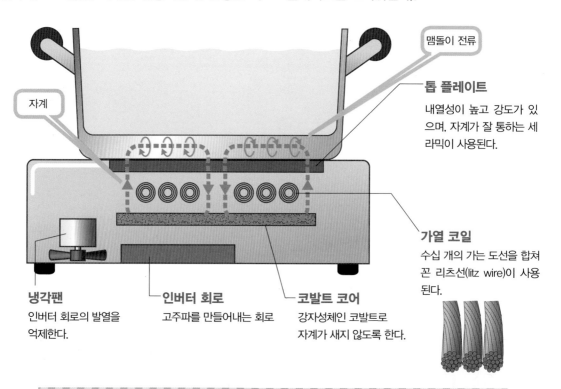

맴돌이 전류

자계

톱 플레이트
내열성이 높고 강도가 있으며, 자계가 잘 통하는 세라믹이 사용된다.

가열 코일
수십 개의 가는 도선을 합쳐 꼰 리츠선(litz wire)이 사용된다.

냉각팬
인버터 회로의 발열을 억제한다.

인버터 회로
고주파를 만들어내는 회로

코발트 코어
강자성체인 코발트로 자계가 새지 않도록 한다.

> **가열 코일에 교류 전류를 흘려보내면 자계가 발생**
>
> ⬇
>
> **자계의 전자 유도 작용으로 인해 냄비 바닥에 맴돌이 전류가 발생**
>
> ⬇
>
> **맴돌이 전류가 흐르면 냄비 바닥의 전기 저항으로 인해 줄열이 발생하면서 가열된다.**

유전(誘電) 가열을 이용한 전자 레인지

전자 레인지는 2,450MHz라고 하는 파장이 긴 전자파를 사용해 가열하는 조리기다. 이 전자파는 공기나 유리, 도자기 등의 부도체는 빠져나가고 금속 등의 도체에서는 반사된다. 또한 물에 닿으면 물 분자를 격렬히 흔들어 마찰시킨다. 이 마찰열로 인해 물이 열을 띠게 된다. 그 때문에 수분을 포함한 물질은 내부 구석구석까지 가열하게 된다.

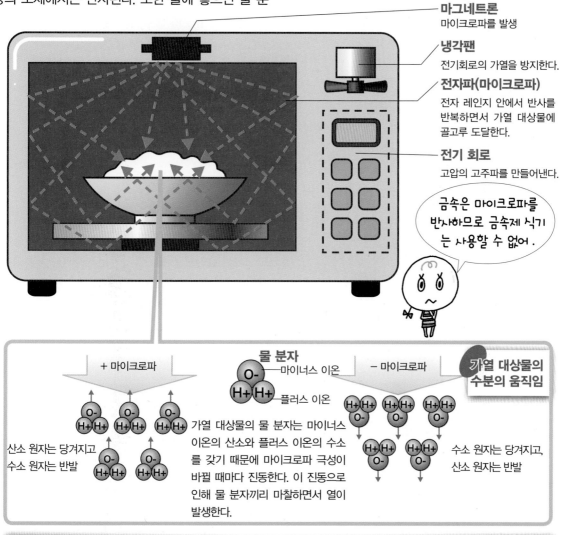

마그네트론
마이크로파를 발생

냉각팬
전기회로의 가열을 방지한다.

전자파(마이크로파)
전자 레인지 안에서 반사를 반복하면서 가열 대상물에 골고루 도달한다.

전기 회로
고압의 고주파를 만들어낸다.

금속은 마이크로파를 반사하므로 금속제 식기는 사용할 수 없어.

+ 마이크로파

물 분자
O- — 마이너스 이온
H+ H+ — 플러스 이온

- 마이크로파

가열 대상물의 수분의 움직임

산소 원자는 당겨지고 수소 원자는 반발

가열 대상물의 물 분자는 마이너스 이온의 산소와 플러스 이온의 수소를 갖기 때문에 마이크로파 극성이 바뀔 때마다 진동한다. 이 진동으로 인해 물 분자끼리 마찰하면서 열이 발생한다.

수소 원자는 당겨지고, 산소 원자는 반발

마이크로파를 만드는 마그네트론

마그네트론은 원통형인 플러스극과 중심축인 마이너스극으로 이루어진 공진기를 영구자석이 낀 구조다 공진기에 높은 전압을 걸면 마이너스극에서 전자가 방출된다. 이 전자는 영구자석의 자계의 영향을 받아 공진기 안에서 회전하게 된다. 공진기 안을 전자가 회전함으로써 마이크로파가 발생한다.

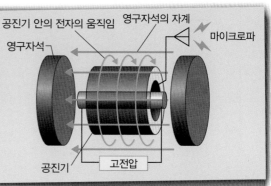

공진기 안의 전자의 움직임 영구자석의 자계
영구자석 마이크로파
공진기 고전압

방송·통신에 사용되는 전자파의 발생 원리는?

전계와 자계가 만드는 전자파는 통신수단에도 사용된다.

전파의 발생

전파란 전계와 자계가 교대로 발생하면서 공간으로 전달되는 것으로 전자파 중 하나다.

평행하게 배치한 금속판 2개에 도선을 연결한 후 교류 전류를 흘려 보내면 플러스극과 마이너스극이 정기적으로 바뀌어 들어가므로 콘덴서와 마찬가지로 전류가 흐르고 있는 것처럼 보인다. 이 가상적인

전류를 **변위(變位)전류**라고 한다. 2개의 금속판은 떨어져 있지만 각각 플러스 전하와 마이너스 전하가 존재하므로 쿨롱 힘에 의해 전계가 발생한다. 이 전계는 자계를 발생시킨다. 나아가 발생한 자계는 새로운 전계를 발생시킨다. 전자파는 이것을 반복하면서 공간으로 전달되어 나간다.

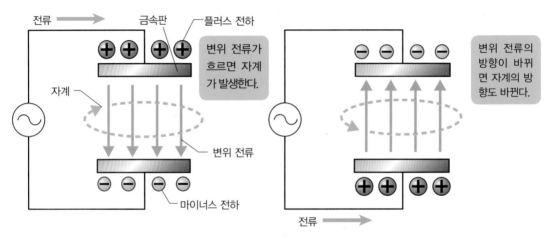

변위 전류에도 전계가 있기 때문에 자계가 발생한다.

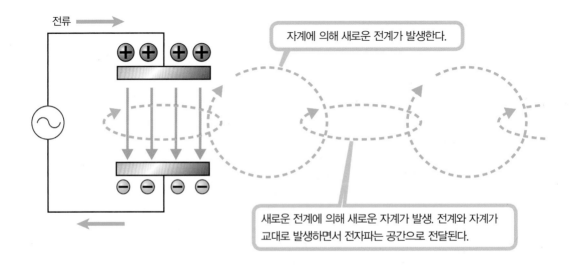

전자파의 주파수와 파장

전자파에는 전파 외에 자외선이나 적외선, X선 등이 있다. 이 전자파들은 주파수에 의해 분류된다. 전자파도 교류와 마찬가지로 파선을 그린다.

주파수란 1초 동안 반복되는 파(波)의 사이클 횟수이다. 단위는 헤르츠[Hz]를 사용한다. 1초 동안 1사이클이라면 1Hz, 50사이클이라면 50Hz다.

파장은 전자파가 1사이클했을 때 나아간 거리를 말한다. 전자파는 1초 동안 30만km를 나아가기 때문에 파장[m]은 주파수에서 30만km를 나누면 구할 수 있다.

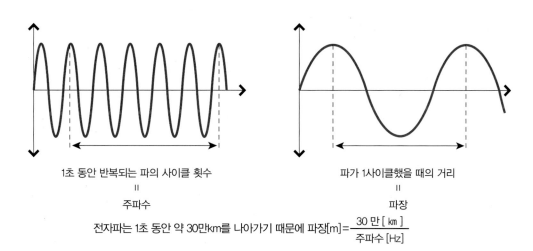

1초 동안 반복되는 파의 사이클 횟수
=
주파수

파가 1사이클했을 때의 거리
=
파장

전자파는 1초 동안 약 30만km를 나아가기 때문에 파장[m]=$\dfrac{30\text{만}[km]}{\text{주파수}[Hz]}$

파장의 종류와 사용되는 방법

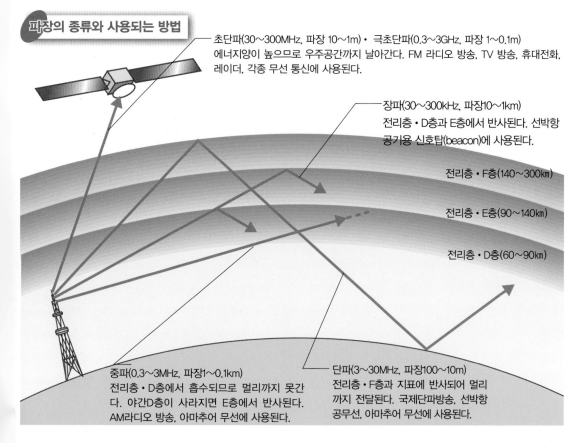

초단파(30~300MHz, 파장 10~1m)・극초단파(0.3~3GHz, 파장 1~0.1m)
에너지양이 높으므로 우주공간까지 날아간다. FM 라디오 방송, TV 방송, 휴대전화, 레이더, 각종 무선 통신에 사용된다.

장파(30~300kHz, 파장10~1km)
전리층・D층과 E층에서 반사된다. 선박항공기용 신호탑(beacon)에 사용된다.

전리층・F층(140~300km)

전리층・E층(90~140km)

전리층・D층(60~90km)

중파(0.3~3MHz, 파장1~0.1km)
전리층・D층에서 흡수되므로 멀리까지 못간다. 야간D층이 사라지면 E층에서 반사된다. AM라디오 방송, 아마추어 무선에 사용된다.

단파(3~30MHz, 파장100~10m)
전리층・F층과 지표에 반사되어 멀리까지 전달된다. 국제단파방송, 선박항공무선, 아마추어 무선에 사용된다.

리니어 모터의 작동 원리는?

직선적인 운동을 만드는 리니어 모터

리니어 모터의 **리니어(linear)**란 단어는 **직선의**라는 의미다. 즉 직선적인 움직임을 하는 모터다.

모터는 보통 고정자인 자극(磁極)의 변화에 따라 회전자가 반발·흡인하면서 회전운동하는 구조다. 리니어 모터는 이 구조를 바탕으로 고정자의 자극 변화를 통해 가동자(可動子)를 앞으로 당긴다. 조도,

동기 모터의 고정자가 앞으로 당겨진 것 처럼 되어 있다.

삼상 동기 리니어 모터는 홈이 있는 철심에 고정자 코일이 배치되어 있다. 여기에 삼상 교류를 흘려 보내면 철심에 자극이 발생한다. 영구자석의 가동자는 이 자극에 흡인되어 진행된다.

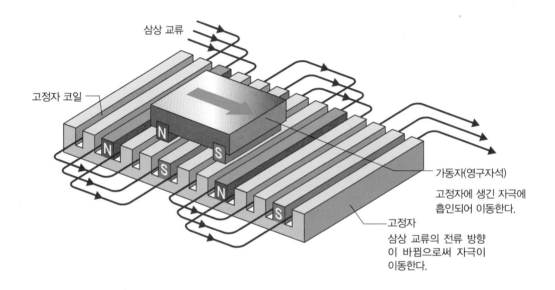

삼상 교류

고정자 코일

N
S
N
S
N
S

가동자(영구자석)
고정자에 생긴 자극에 흡인되어 이동한다.

고정자
삼상 교류의 전류 방향 이 바뀜으로써 자극이 이동한다.

리니어 모터 카의 구조

리니어 모터 카는 리니어 모터로 움직이는 철도차량이다. 리니어 모터 카에는 초전도체를 이용한 전자석을 사용한다. 금속은 온도가 높아질수록 전기 저항이 커지고 낮아질수록 작아진다. 초전도체는 온도를 초저온으로 낮추어 전기 저항을 「0」으로 한 것이다. 초전도 전자석은 보통 자석보다 큰 자력을 낼 수 있다.

리니어 모터 카는 차량 쪽에 장착된 초전도 전자석과 주행로인 가이드웨이 내부의 추진 코일이 반발·흡인하면서 차량을 나아가게 한다. 또한 가이드웨이 내부의 추진 코일을 덮도록 설치된 부상·안내 코일과 차량 쪽에 장착된 초전도 전자석이 반발·흡인하면서 차체를 부상시킨다.

리니어 모터 카는 차량이 뜨므로 저항도 적어 물 흐르듯이 달릴 수 있다.

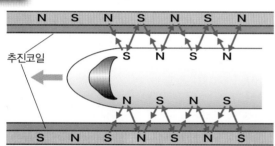

차량의 초전도 자석의 자극이 추진 코일에 생기는 자극과 반발·흡인하면서 리니어 모터는 나아간다.

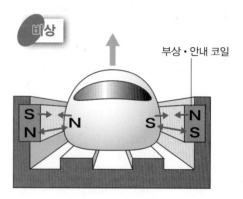

차량의 초전도 자석의 자극은 부상·안내 코일 아래에 생기는 자극과 반발하고 위에 생기는 자극에 흡인된다. 그 결과, 차량이 뜨는 것이다.

초전도 전자석을 이용한 리니어 모터 카는 초고속으로 달릴 수 있어.

전기기호

명 칭	기 호	용 도
축전지(battery)	⊣⊢⊢⊢	회로에서 전원에 해당하며, (+), (−) 단자로 구성되어 있다.
캐패시터 (capacitor)	⊣⊢	전기를 일시적으로 저장했다가 방출하는 부품으로 교류는 전도성이 있으며, 직류는 전류를 전달하지 못한다.
저항(resistor)	⎍⋁⋁⋁⎍	회로에서 전류의 흐름을 방해하는 요소 또는 부하를 저항이라 한다.
가변저항 (variable resistor)	⋁⋀⋁⋀↗	저항의 크기를 인위적으로 조절할 수 있는 저항을 가변저항이라 한다.
전구(bulb)	⊗	전기가 흘러 점등되는 전조등, 방향 지시등, 미등 등 자동차 등화장치에 사용한다.
더블전구 (double bulb)	⊗	이중 필라멘트를 가진 전구로 전조등, 테일 램프 등에 사용한다.
코일(coil)	⎍⊸⊸⊸⊸⎍	전선을 감아서 전기가 흐르면 전자석의 효과를 만들기 위해 사용하며 솔레노이드, 릴레이, 인젝터 등 다양한 작동기에서 사용한다.
더블 마그넷 (double magnetic)	⊟	두 개의 코일이 감겨 있는 전자석으로 시동 전동기, 전자석 스위치 등에 사용한다.
변압기 (transformer)	⊸⊸⊸ ▬	전압을 승압하거나 감압을 하기 위하여 사용하는 장치로 자동차에서는 점화 코일이 해당된다.
스위치(switch)	⎯∘ ⁄ ∘⎯	회로에서 전원의 공급을 결정하는 부품으로 일반적으로 ON/OFF로 작동한다.
릴레이(relay)	B S1 S2 E	코일의 전류를 제어하여 접점의 전류를 제어하는 기능으로 N/C(Normal Close) type과 N/O(Normal Open) type이 있다.
N/O(normal open) 스위치	∘⁄∘	평상시 접촉이 이루어지지 않다가 스위치를 작동할 때만 접촉되는 방식으로 경음기 스위치 등에 사용한다.
N/C(normal close) 스위치	⎯▽⎯	평상시 접촉이 이루지다가 스위치를 작동할 때만 접촉이 떨어지는 방식으로 브레이크 스위치, 주차 브레이크 스위치 등에 사용한다.
퓨즈(fuse)	∿	회로에서 과전류가 흐를 때 작동기와 배선 등에 생길 수 있는 고장을 미연에 방지하기 위한 안전장치로 사용한다.
접지(earth)	⏚	(−)에 접속되는 것을 타나내며 자동차에서는 차체가 축전지의 (−)와 연결되어 접지가 된다.

■ 전자기호

명 칭	기 호	용 도
서미스터 (thermistor)		온도에 따라 저항이 변화하고, 정특성과 부특성이 있으며, 자동차의 온도 센서는 부특성을 많이 사용한다.
다이오드 (diode)		한쪽 방향으로 전류가 흘러 역류 방지 작용과 정류 작용을 실행하고, 발전기에서 발생한 교류를 직류로 전환하는 정류 작용에 사용한다.
제너 다이오드 (zener diode)		역방향으로 일정 전압 이상이 되면 순간적으로 전류가 흐르며, 정전압 다이오드라는 명칭도 있다. 발전기의 전압 조정기에서 사용한다.
포토 다이오드 (photo diode)		빛 에너지를 받으면 전류가 흐르도록 작동하며, 일반적으로 스위칭 작용을 한다.
발광 다이오드(LED) (light emitting diode)		전류가 흐르면 빛이 발생하며 파일럿 램프, 신호등, 테일 램프 등에 사용한다.
트랜지스터 (transistor)		TR은 스위칭 작용과 증폭 작용을 수행하며, NPN형과 PNP형이 있다.
포토 트랜지스터 (photo transistor)		외부에서 빛 에너지를 받으면 역방향으로 전류가 흐르는 방식으로 감광 소자이다. 빛의 세기에 따라 흐르는 전류가 변화하는 광기전력 효과를 이용한 소자이다.
사이리스터(SCR) (thyristor)		게이트 전류가 흐르면 애노드에서 캐소드로 전류가 흐르며 릴레이와 같은 역할을 한다.
압전 소자 (piezoelectric element)		소자에 전기를 가하면 형상이 변화하고, 소자가 외력으로 운동을 하면 전기가 발생하는 방식으로 압력 센서 등에 사용한다.

🔍 찾아보기

231

앗싸!
전기·전자 개념정리

초 판 발 행 | 2021년 4월 26일
제1판 2쇄 발행 | 2024년 1월 10일

감　　　수 | 강주원(애니메이터)
발 행 인 | 김길현
발 행 처 | (주) 골든벨
등　　　록 | 제 1987-000018호　ⓒ 2021 GoldenBell Corp.
I S B N | 979-11-5806-515-7
가　　　격 | 19,000원

편집·교정 | 이상호
표지 및 디자인 | 조경미·박은경·권정숙
본문디자인 | 안명철
제작 진행 | 최병석
웹매니지먼트 | 안재명·서수진·김경희
오프 마케팅 | 우병춘·이대권·이강연
공급관리 | 오민석·정복순·김봉식
회계관리 | 김경아

(우)04316 서울특별시 용산구 원효로 245(원효로 1가 53-1) 골든벨 빌딩 5~6F
• TEL : 도서 주문 및 발송 02-713-4135 / 회계 경리 02-713-4137
　　　　내용 관련 문의 02-713-7452 / 해외 오퍼 및 광고 02-713-7453
• FAX : 02-718-5510　• http : //www.gbbook.co.kr　• E-mail : 7134135@naver.com